大数据与商务智能系列

复杂系统建模与仿真

基于 Python 语言

陈 洁 编著

电子工业出版社
Publishing House of Electronics Industry
北京·BEIJING

内容简介

本书借助大量有趣的模型和实例，介绍复杂系统及模型的相关概念。本书使用的 Python 语言被认为是非常优秀的数据分析和建模工具，设计高效且易学易用。本书采用理论分析与实践相结合的方式，建立系统的数学模型及相应的计算机模型和虚拟仿真实验。本书适合对复杂性科学有浓厚兴趣并具备一定计算机编程技术的读者阅读。希望读者通过阅读本书，可以学会用模型思考问题，掌握对自然、经济和社会中复杂现象的建模与仿真技术，从而研究和预测它们的发展态势。本书配套的程序源代码，可以登录华信教育资源网（www.hxedu.com.cn）免费下载。

本书适合作为高等院校管理类、工程类、信息技术类等专业的相关课程教材，也可供社会相关从业人员参考阅读。

未经许可，不得以任何方式复制或抄袭本书之部分或全部内容。

版权所有，侵权必究。

图书在版编目（CIP）数据

复杂系统建模与仿真：基于 Python 语言 / 陈洁编著. —北京：电子工业出版社，2021.5
ISBN 978–7–121–41080–2

I. ①复… II. ①陈… III. ①系统建模–高等学校–教材②系统仿真–高等学校–教材③软件工具–程序设计–高等学校–教材 IV. ①N945.12②TP391.9③TP311.561

中国版本图书馆 CIP 数据核字（2021）第 076828 号

责任编辑：王二华
特约编辑：角志磐
印　　刷：天津千鹤文化传播有限公司
装　　订：天津千鹤文化传播有限公司
出版发行：电子工业出版社
　　　　　北京市海淀区万寿路 173 信箱　邮编：100036
开　　本：787×1092　1/16　印张：15.5　字数：372 千字
版　　次：2021 年 5 月第 1 版
印　　次：2021 年 5 月第 1 次印刷
定　　价：49.00 元

凡所购买电子工业出版社图书有缺损问题，请向购买书店调换。若书店售缺，请与本社发行部联系，联系及邮购电话：(010)88254888，88258888。

质量投诉请发邮件至 zlts@phei.com.cn，盗版侵权举报请发邮件至 dbqq@phei.com.cn。

本书咨询联系方式：(010)88254532。

前　言

　　模型无处不在，模型的表达形式多种多样。文字符号是初级的简单模型，语法规则是较复杂的模型。语言既是一种模型，也是描述模型的工具，该工具包括语言对自身结构的描述（元语言符号）。数字也是一种模型，数字模型由简单到复杂逐渐发展，包括自然数、整数、有理数、无理数和复数等。数学也是一种语言，它本身在作为模型的同时也可作为强大的建模工具。自然语言和数学语言是建模最常用的工具。自然语言适合快速形成概略的模型，用于日常的思考、表达和交流。用自然语言表达的模型一般不够严谨、不够准确，细节也不够丰富；用数学语言表达的模型是定义明确、逻辑严谨的。除自然语言和数学语言外，还有标志、框图、图表、声音、姿势等由各种形式的信息媒体构成的语言，但这些语言都可以包含在另一种强大语言——计算机程序设计语言之中。20世纪中期发展起来的计算机程序设计语言具有非常丰富的表达能力，几乎可以包含所有的信息媒体形式，在逻辑上与数学语言类似，在表达便利方面接近自然语言，在信息呈现，即模型仿真方面是非常强大的。

　　模型不仅应用于深奥的理论和复杂的工程中，在日常生活中，人们随时随地使用模型解决问题。任何一次思考、任何一次交流都是一个建模过程，把实际的事物抽象成语言文字。例如，"脑补"是当下的一个流行词，意思是在大脑中想象某个场景，这就是对模型进行的一次模拟和仿真。爱因斯坦的"思想实验"、统计物理中的"理想气体"都是模型。智能生物体还有很多模型是未经大脑的，如小脑和脊椎神经系统会对外界刺激直接做出反应。另外，基因也是模型，可以一代一代地继承和演化。

　　我们的"三观"也是模型，世界观是对整个世界的认知模型，人生观是对生命存在的理解模型，价值观是个体的生存博弈模型。我们一直有意无意地建立模型、修正模型和运用模型以解决各种问题，每个人的大脑、心理或神经系统都在建立相似但不同的模型。观念、理论、技术，甚至哲学、信仰都是模型。简单的模型可以用标志、声音、姿势等简单方式建模，复杂的模型需要用数学语言建模，超级复杂的模型可能无法用现有的语言表达，需要重新创造新语言、新符号才能表达，甚至只可意会无法言传。探索发现和对事物理解的心智活动是一个建模过程，这一过程称为认知模型，本身也是一种模型。

　　客观和主观、物质和意识、科学和哲学、理论和技术等都以模型为基础，任何一门学科都是针对某个领域的一个宏观模型。因此，就像每个人都需要学习系统论一样，深入了解各种类型的抽象模型有助人们建立理性思维和系统思维，提升思维和理解能力。

　　20世纪初，科学突破了各个学科的边界，建立和发展了一般系统论。系统科学的发展经历了从系统论、控制论和信息论（"老三论"），到耗散结构、协同论、突变论（"新三论"），再到复杂性科学这一过程。复杂性科学研究混沌、分形、复杂适应系统、复杂网络等。从一般系统论到复杂性科学，研究方法从"还原论"回归到"整体论"，所研究的对象从机械的客体系统到生命、生态和社会等主体系统。计算机的蓬勃发展为系统的建模和仿真提供了前所未有的工具，很多原来只有高智商大脑才能想象出来的模型，如今可以用计算机以丰富的手段呈现，使人类的学习、教育和交流出现前所未有的飞跃。

本书所介绍的模型均可以在个人计算机上运行并呈现，给读者以十分直观的认识。绝大多数模型可以自行设置模型参数，在可接受的时间内得到模拟结果。大多数复杂系统模型是开放性问题，很多模型目前依然是研究热点，存在很多需要探索的问题。读者可以通过模型的实验数据，进行数据分析和挖掘，探索模型的新特征，也可以重新设计和改造模型。模型的设计和建立是一个从无到有的过程——本来世界没有模型，因为有了人类大脑就有了模型。建模者就是虚拟模型世界的创造者。对于大部分复杂系统模型，极少情况是一次性建立的，有可能建模本身就是一个学习积累的过程，如神经网络模型需要通过"训练"才能建立；生态系统模型设定适当参数，系统的演化将永远进行，结果不可预知。模拟仿真，即观察模型的行为与建模是同样重要的，需要丰富的想象力，十分有趣。

本书使用 Python 库函数建立计算机模型，介绍和演示具有里程碑意义的经典案例。模型仅仅是对现实系统的一种假设，因为现实世界具有复杂性，模型的测试、模型的正确性验证必须十分谨慎。计算机模型既要简单和高度抽象（受计算能力和存储能力的限制），又要对预测和决策具有参考价值。

本书尽可能概括目前流行的各种建模方法，介绍每种建模方法的案例，所有的案例均可在计算机上在可接受的时间内运行出结果。本书对建模理论的介绍力求简化复杂问题，对于很深奥的数学模型知识点到为止，对计算机模型的模拟结果进行数据分析和直观讨论，力求带领读者通过仿真现象理解系统本质。Python 语言功能强大，本书用 Python 代码诠释模型的精髓。本书配套程序源代码可以登录华信教育资源网（www.hxedu.com.cn）免费下载。

目 录

第1章 绪论 ········· 1
  1.1 系统与模型 ········· 1
    1.1.1 系统 ········· 1
    1.1.2 系统模型 ········· 2
  1.2 复杂系统模型 ········· 4
    1.2.1 复杂性的定义 ········· 4
    1.2.2 复杂性科学的研究对象 ········· 5
    1.2.3 复杂系统的基本特征 ········· 6
    1.2.4 系统建模方法论 ········· 9
    1.2.5 复杂系统的成因 ········· 10
    1.2.6 复杂系统的分析与建模 ········· 11
  1.3 复杂系统模型的发展现状 ········· 12
    1.3.1 自然科学领域 ········· 12
    1.3.2 经济管理领域 ········· 13
    1.3.3 桑塔菲研究所 ········· 14

第2章 建模工具 ········· 15
  2.1 建模工具概述 ········· 15
  2.2 Python 建模工具包 ········· 16
    2.2.1 NumPy ········· 16
    2.2.2 SciPy ········· 17
    2.2.3 Matplotlib ········· 19
    2.2.4 SimPy ········· 20
    2.2.5 SimuPy ········· 21
    2.2.6 PyGame ········· 21
    2.2.7 SymPy ········· 23
    2.2.8 PIL ········· 25
    2.2.9 Mesa ········· 26
    2.2.10 NetworkX ········· 26
  2.3 简单案例：Schelling 模型 ········· 28

第3章 元胞自动机 ········· 30
  3.1 元胞自动机概述 ········· 30
    3.1.1 元胞自动机的提出 ········· 30
    3.1.2 元胞自动机的定义 ········· 31
  3.2 初级元胞自动机 ········· 32
  3.3 二维元胞自动机 ········· 35
  3.4 元胞自动机应用案例 ········· 39
    3.4.1 格子气体模拟 ········· 39
    3.4.2 表决与退火模型 ········· 43
    3.4.3 森林火灾模型 ········· 45
    3.4.4 DLA 模型 ········· 46
    3.4.5 激发介质中的非线性波模型 ········· 49
  3.5 元胞自动机的应用现状 ········· 51
  3.6 元胞自动机的优势与不足 ········· 51
  3.7 三维元胞自动机 ········· 53

第 4 章 多主体模型 ………… 54
4.1 Agent 的基本概念 ………… 54
- 4.1.1 什么是 Agent ………… 54
- 4.1.2 Agent 的特征、分类和环境 ………… 57

4.2 Multi-Agent 系统 ………… 62
- 4.2.1 Multi-Agent 系统概述 ………… 62
- 4.2.2 Multi-Agent 软件工具 ………… 64

4.3 Multi-Agent 模型的应用 ………… 65

4.4 案例 ………… 66
- 4.4.1 "大糖帝国"模型 ………… 67
- 4.4.2 随机游走模型 ………… 68
- 4.4.3 Boltzmann 财富模型 ………… 69
- 4.4.4 Schelling 模型 ………… 71
- 4.4.5 Epstein 内乱模型 ………… 71
- 4.4.6 鸟群迁徙模型 ………… 72
- 4.4.7 病毒传播模型 ………… 72
- 4.4.8 食物链模型 ………… 73
- 4.4.9 银行准备金模型 ………… 73
- 4.4.10 囚徒困境模型 ………… 75

第 5 章 复杂网络模型 ………… 77
5.1 网络基础 ………… 77
- 5.1.1 网络基本概念和基础操作 ………… 77
- 5.1.2 网络的经典算法 ………… 81

5.2 网络模型 ………… 88
- 5.2.1 网络模型概述 ………… 88
- 5.2.2 网络建模 ………… 89
- 5.2.3 网络可视化布局 ………… 91

5.3 图和网络的特征 ………… 93
- 5.3.1 图的密度 ………… 93
- 5.3.2 网络的平均最短路径长度 ………… 95
- 5.3.3 节点的偏离度 ………… 96
- 5.3.4 节点的中心率 ………… 97
- 5.3.5 互联网的 PageRank ………… 98
- 5.3.6 图的核心数 ………… 100
- 5.3.7 图的度分布 ………… 101
- 5.3.8 网络的群集化系数 ………… 103

5.4 复杂动态网络模型 ………… 104
- 5.4.1 拓扑结构不变的动态网络模型 ………… 104
- 5.4.2 拓扑结构变化的动态网络模型 ………… 119
- 5.4.3 自适应动态网络模型 ………… 127

第 6 章 离散事件模型 ………… 130
6.1 基本概念 ………… 130
- 6.1.1 周期驱动模型与事件驱动模型 ………… 130
- 6.1.2 事件驱动机制 ………… 130

6.2 建模与仿真 ………… 131
- 6.2.1 SimPy 介绍 ………… 132
- 6.2.2 案例 ………… 133

第 7 章 系统动力模型 ………… 142
7.1 基本概念 ………… 142
7.2 简单的系统动力模型 ………… 143
- 7.2.1 RCL 电路 ………… 143
- 7.2.2 单摆模型 ………… 145

7.3 混沌 ·············· 147
    7.3.1 兰顿蚂蚁模型········ 147
    7.3.2 蝴蝶效应·············· 150
    7.3.3 Logistic 方程········ 152
    7.3.4 物种竞争模型········ 155
    7.3.5 Mandelbrot 集合····· 159

第 8 章 分形模型 ·············· 161
8.1 分形概述 ·············· 161
8.2 分形应用 ·············· 163
8.3 分形建模方法 ·············· 164
    8.3.1 L 系统（L – systems）
    ·············· 164
    8.3.2 迭代函数系统······ 167
8.4 分形设计 ·············· 173
    8.4.1 Sierpinski 三角形 ··· 173
    8.4.2 万花筒·············· 174
    8.4.3 树·············· 175
    8.4.4 自然地貌模拟······ 176

第 9 章 预测和学习模型 ·············· 182
9.1 统计预测模型 ·············· 182
    9.1.1 回归模型·············· 182
    9.1.2 时间序列分析模型
    ·············· 185
9.2 机器学习模型 ·············· 189
    9.2.1 有监督的学习模型
    ·············· 189
    9.2.2 无监督的学习模型
    ·············· 201
9.3 人工神经网络 ·············· 210
    9.3.1 多层感知机·············· 210
    9.3.2 深度学习模型······ 211

第 10 章 博弈模型 ·············· 215
10.1 计算机游戏模型 ·············· 215
    10.1.1 子模型·············· 215
    10.1.2 主体模型及系统参数
    ·············· 216
    10.1.3 逻辑规则·············· 218
    10.1.4 用户界面·············· 218
    10.1.5 用户交互·············· 218
    10.1.6 模型的实时性与资源
    优化·············· 219
10.2 Q – Learning 模型·············· 219

第 11 章 城市空间模型 ·············· 221
11.1 虚拟城市空间模型·············· 221
11.2 空间句法模型·············· 224
    11.2.1 轴线的连接度······ 225
    11.2.2 路段的可达性······ 225
    11.2.3 轴线的选择度······ 226
11.3 分形虚拟城市模型·············· 226
    11.3.1 分形虚拟城市模型的
    复杂性·············· 227
    11.3.2 分形虚拟城市模型的
    分形假设和分形过程
    ·············· 227
    11.3.3 分形虚拟城市模型的
    定义·············· 228
    11.3.4 分形虚拟城市模型的
    实现·············· 229
    11.3.5 Python 实现········ 231

参考文献 ·············· 238

第 1 章

绪论

本章简要回顾系统和系统模型的一般性概念和术语,对于熟悉系统论的读者建议略过本章。

1.1 系统与模型

1.1.1 系统

一般系统论创始人贝塔朗菲对"系统"的定义如下:系统是相互联系、相互作用的各种元素的综合体。本节将从系统的特性、特征和分类等角度全面地介绍系统概念。

(1) 系统的 3 个基本特性如下。

①多元性:系统是多样性和差异性的统一。

②相关性:系统内部不存在孤立的元素,所有元素相互依存、相互作用、相互制约。

③整体性:系统是由内部所有元素构成的复合统一的整体。

(2) 维基百科列举了一些思想家和未来学家从不同角度对系统概念进行的总结。

①系统是一个动态和复杂的整体,是相互作用的结构和功能的单位。

②系统是由能量、物质、信息流等不同要素所构成的。

③系统往往由寻求平衡的实体构成,并显示出震荡、混沌或指数行为。

④一个整体系统是任何相互依存的集或群的暂时的互动部分。

(3) 系统是普遍存在的,从基本粒子到银河外星系,从人类社会到人的思维,从无机界到有机界,从自然科学到社会科学,系统无所不在。系统的外在特征是多种多样的,人们根据系统的外在特征对系统进行了如下分类。

①以尺度规模和范围为标准分为宇观系统、宏观系统、微观系统、渺观系统。

②以要素间的相互关系为标准分为线性系统、非线性系统。

③以与环境间关系为标准分为孤立系统、封闭系统、开放系统。

④以是否具有静止质量为标准分为实物系统和场态系统。

⑤以相对静或动的关系为标准分为运动系统和静止系统。

⑥以运动模式稳定性程度为标准分为平衡系统和非平衡系统。

⑦以运动方式的复杂程度为标准分为机械系统、物理系统、化学系统、生物系统、社会系统。

⑧以人类活动的参与程度为标准分为自然系统、人工系统、自然与人工的复合系统。
⑨以领域为标准分为自然系统、社会系统、思维系统。
⑩以认识程度为标准分为白色系统、黑色系统、灰色系统。
⑪以主客观的关系为标准分为客观系统、主观系统。
⑫以系统熵为标准分为平衡态系统、近平衡态系统、远离平衡态系统。

(4) 从科学哲学的角度理解系统,可以归纳出很多系统的内在本质特征,维基百科的列举如下。

①群体性特征:系统是由系统内的个体集合构成的。
②个体性特征:系统内的个体是构成系统的元素,没有个体就没有系统。
③关联性特征:系统内的个体是相互关联的。
④结构性特征:系统内相互关联的个体是按一定的结构框架存在的。
⑤层次性特征:系统与系统内的个体之关联信息的传递路径是分层次的。
⑥模块性特征:系统母体内部是可以分成若干子块的。
⑦独立性特征:系统作为一个整体是相对独立的。
⑧开放性特征:系统作为一个整体会与其他系统相互关联、相互影响。
⑨发展性特征:系统是随时演变的。
⑩自然性特征:系统必须遵循自然的、科学的规律存在。
⑪实用性特征:系统是可以被研究、优化和利用的。
⑫模糊性特征:系统与系统内的个体之关联信息及系统的自有特征通常是模糊的。
⑬模型性特征:系统是可以通过建立模型进行研究的。
⑭因果性特征:系统与系统内的个体是具有因果关系的。
⑮整体性特征:系统作为一个整体具有超越于系统内个体之上的整体性特征。

1.1.2 系统模型

系统模型是一个系统的某个方面本质属性的描述,它以某种确定的形式(如文字、符号、图表、实物、数学公式等)提供关于该系统的知识。系统模型一般不是系统对象本身,而是对系统的描述、模仿和抽象。系统模型是由反映系统本质或特征的主要因素构成的。系统模型集中体现了这些主要因素之间的关系。

(1) 系统模型有以下特征。
①现实系统的抽象或模仿。
②由反映系统本质或特征的主要因素构成。
③集中体现了这些主要因素之间的关系。

(2) 约翰.L.卡斯蒂在他的著作《虚实世界》中,从各种现实的系统中总结了系统模型,将系统模型分为实验模型、逻辑模型、数学模型(计算模型)和理论模型。

①实验模型由现实的实体材料构成,表示或者抽取现实系统的特征,或者建立更加理想化的现实系统,如飞机模型、时装模特等。这类模型的目的是通过直接实验对某类问题做出回答。这类模型在日常生活和科学中都十分重要,但不是本书所讨论的模型,本书主

要讨论由计算机建立的信息模型而非物质模型。

②逻辑模型就是数学中的数理逻辑，假定有一个公理集合和一套推理规则，通过使用公理和推理规则，产生逻辑上正确的陈述，如欧几里得几何学。

③数学模型是通过使用符号、公式和方程等工具描述数量关系来表示现实系统的内部结构和行为的抽象模型。由于模型中存在大量数值计算，也叫计算模型。自从计算机出现后，很多数学模型可以变换为计算机模型，使得数学模型的建模和仿真进入了一个崭新的发展阶段。

④理论模型是用来解释某种现象的一个假说的，如原子模型、黑洞模型、宏观经济模型等。有时理论模型和数学模型之间的界限是模糊的。

本书重点讨论后两种模型。

模型有什么用呢？或者说我们为什么要建立模型呢？按照模型的功能，可以将模型分为预测模型、解释模型和规范模型。

有关模型的预测功能，最著名的例子是牛顿关于万有引力作用下物体运动的描述。科学理论模型通常需要具有预测功能，这就是所谓的科学可证伪性。模型可以定性地预测未来，也可以在一定的精度范围内定量地预测未来。

有些模型的功能主要是解释某种观测到的现象，但几乎没有能力预测未来的发展。例如，达尔文的进化论解释了物种的起源和进化，这个模型可以很好地解释已经发生的事情，但对未来新物种的产生没有什么预测能力。解释模型可以解释现实存在的合理性，通过解释模型通常可以回溯历史演进的路径，以及各种随机因素在哪些关键节点上发生了作用。

预测模型和解释模型都属于相当被动的模型，它们告诉我们现实的某一片段，却并没有赋予我们按照自己的目标塑造现实的能力。规范模型弥补了这一不足，它可以给我们展示现实世界的画面，其中包含了各种"开关"。通过设置这些"开关"，现实可能会向我们意愿的方向偏转。这类模型大量存在于经济系统和复杂工程系统中，如一个区域经济系统中的劳动者、资金、生产和消费系统，"开关"就是决策者制定的税收、就业、投资等各种政策。

从以上的论述中我们可以知道，实现不同的目标需要建立不同类型的模型。建模是一个设计过程，而设计在很多情况下是从无到有的过程。本来这个世界上没有模型，因为有需求所以出现了模型。在从无到有的模型设计过程中，设计者充当了创造者的角色，需要用创造者的视角创建一个"虚拟世界"。这个创造性过程既需要科学也需要艺术。通常，一个好模型应该具有简单性、清晰性、无偏见性和易操作性等特性。

有关模型问题的讨论可以上升到哲学高度。柏拉图和亚里士多德都信守这样一种艺术具象派理论，即艺术品是对现实自然实体的模仿。但他们在是否可以从现实世界的艺术表现形式中获得关于现实世界事物的理性或实质性知识上，存在着尖锐的分歧。柏拉图认为纯粹的现实存在于"永恒的形式"或"理念"中，它使平常的自然实体变得可以理解。而亚里士多德没有这么乐观，他认为模型与真实之间的距离是不能超越的，如舞台上表现的死亡、惨案与破坏，我们是无法获得真正了解的机会的。但无论如何，两位圣贤都没有否定模型存在的意义。如今，我们可以随心所欲地将现实世界"搬到"电脑世界，无论从心理角度还是客观角度，"虚拟"与"现实"之间的边界越来越模糊，虚实越来越难以区分。

模型是人类认知世界、理解世界和交流的工具，建立模型的过程就是认知的过程。广义地讲，任何标注、符号、思想、观念、记忆等都是模型。在人类的主、客观世界里，一切皆是模型。

1.2 复杂系统模型

伴随计算机的出现，系统建模进入了一个崭新的阶段：以前只能存在于人类大脑和数学公式中的很多理论模型可以在计算机上进行模拟仿真和可视化，很多结构复杂、运算量巨大的模型得以在计算机上进行模拟仿真。随着建模对象越来越复杂，模型的结构也随之更复杂，规模也随之不断增大，出现了许多新的或以前被忽视的特性。系统的复杂性不是体现在量级上，而是体现在系统的整体层面。我们将这些系统的整体特质称为"复杂性"，并建立了一个专门的系统科学分支——复杂性科学，有针对性地研究复杂性。

复杂性科学是一门新兴的边缘交叉学科。复杂性科学是科学史上继相对论和量子力学之后的又一次革命，是系统科学发展的一个新阶段。复杂性科学打破了线性、均衡、简单还原的传统范式，致力于研究非线性、非均衡和复杂系统带来的种种新问题。复杂性科学的出现极大地促进了科学的纵深发展，使人类对客观事物的认识由线性上升到非线性、由均衡上升到非均衡、由简单还原论上升到复杂整体论。复杂性科学的诞生标志着人类的认识水平步入了一个崭新的阶段，是科学发展史上一个新的里程碑。

计算机建模技术为研究复杂系统模型奠定了基础。可以说，如果没有计算机技术，那么复杂性科学理论的发展将寸步难行。本书所介绍的大部分模型，都属于复杂系统模型。

1.2.1 复杂性的定义

系统复杂性无处不在，如生物复杂性、生态复杂性、演化复杂性、经济复杂性、社会复杂性等。由于复杂性涉及面极宽，目前学术界关于复杂性的定义还没有形成统一结论。我们日常所说的"复杂性"或"复杂"是指混乱、杂多、反复等意思，而并非是指科学研究领域中与混沌、分形和非线性相关联的"复杂性"。

复杂性可以狭义地定义为：系统由于内在元素非线性交互作用而产生的行为无序性的外在表象。关于复杂系统，以下陈述从不同的角度表述了系统的复杂性。

（1）复杂系统就是混沌系统。
（2）复杂系统是具有自适应能力的演化系统。
（3）复杂系统是包含多个行为主体、具有层次结构的系统。
（4）复杂系统是包含反馈环的系统。
（5）复杂系统是不能用传统理论与方法解释其行为的系统。
（6）复杂系统是动态非线性系统。

为了进一步说明复杂系统，我们可以回顾用传统科学方法研究的对象——简单系统。简单系统是可以用物理经典的还原论思维来简化描述其规律的系统。复杂系统是由大量互相作用的单元组成的系统，其活动呈现非线性，往往形成具备无数层级的复杂组织，如图1.1所示。桑塔菲研究所的学者猜想，一个复杂的系统可能是通过自组织而产生和发展的，从而使它们既不是完全规则的也不是完全随机的，并可以在宏观尺度上"涌现"出复杂的行为。正如赫伯特·西蒙对复杂系统的定义：复杂系统是一个由大量以非简单方式交互的部分构成的系统。

图1.1 复杂系统

1.2.2 复杂性科学的研究对象

随着复杂性研究的不断深入，人们从各个领域发现了各种复杂现象，逐渐形成了复杂性科学的各个研究分支，目前这个发展过程依然在继续。以下的这些研究领域在复杂性科学诞生之前就已经存在，但是伴随计算机的出现和蓬勃发展，以及复杂性科学新方法论的影响，这些研究领域得到了新的启示和发展，出现了大量新课题和新应用。

（1）博弈论：囚徒困境和多轮囚徒困境、理性决策和有限理性决策、非理性行为、合作与竞争、网络与空间博弈论、进化博弈论等。

（2）群体行为：社会动态系统、群体智能、自组织临界、群体心智、基于主体的建模、同步问题、邻居效应、蚁群优化等。

（3）网络：无标度网络、小世界网络、动态网络、自适应网络、社区识别、标度、核心、基序、强度与弱点、图论等。

（4）非线性动力系统：时间序列分析、迭代映射、相空间、吸引子、稳定性分析、混沌、分叉等。

（5）系统论：协同论、信息论、计算理论、反馈、自指、面向目标导向的行为、系统动态分析、感知形成、熵、控制论、复杂性度量等。

（6）演化与适应：人工神经网络、进化计算、通用编程算法、人工生命、机器学习、进化发育生物学、人工智能、进化能力、进化机器等。

(7) 模式形成：空间分形、反应扩散系统、偏微分方程、耗散结构、元胞自动机、渗漏、空间生态学、自我复制、空间进化生物学、地理学等。

本书围绕上述领域对其中的部分对象进行建模，通过模拟仿真研究和理解事物的复杂性，诠释系统论和复杂性科学的要义。

1.2.3 复杂系统的基本特征

我们建立了复杂性的基本概念，了解了复杂性科学丰富的研究对象，通过以下复杂系统的基本特征可以进一步深入理解复杂系统的本质。

1. 随机性

随机性是指系统内涵不确定，但系统行为具有统计稳定性。随机性并不复杂，历史上不少复杂性的定义是针对随机性的，复杂性介于完全随机和绝对有序之间，后面将会说明复杂性是位于混沌边缘的某种结构和序。

2. 模糊性

模糊性是指系统内涵确定，系统行为没有明确的表象（有些事物的行为非常诡异，如量子纠缠、量子态坍塌等），可以运用专属的数学方法减少外延的不确定性。显然，这与复杂性科学的研究有本质区别。所以，模糊性属于复杂性的边缘特征。

3. 混沌边缘

混沌边缘是指一个复杂自适应系统运行在有序和无序之间的相变过程中出现的有界非稳定性的一种形式，但这并非复杂性的全部。"适应性造就复杂性"，是自组织系统复杂性的内因。一个自组织系统处于动态演化中，可以从简单结构慢慢演化到复杂结构，如生命现象、社会现象等。这样的系统处于有序和无序之间，具有有界非稳定性，远离平衡态，但又不是完全的无序状态和混沌状态，位于混沌的边缘。

4. 非线性（不可叠加性）与动态性（时变性）

普遍认为非线性是产生复杂性的必要条件，没有非线性就没有复杂性。复杂系统都是非线性的动态系统。非线性说明了系统的整体大于各组成部分之和，即每个组成部分不能代替整体，每个层次的局部不能说明整体，低层次的规律不能说明高层次的规律。各组成部分之间、不同层次的组成部分之间相互关联、相互制约，并有复杂的非线性相互作用。动态性说明系统随时间而变化，经过系统内部、系统与环境的相互作用，不断适应、调节，通过自组织作用，经过不同阶段和不同的过程，向更高级的有序化发展，涌现独特的整体行为与特征。在牛顿动力学中有一个基本假定，即一个系统如果不受外界干扰就会趋向于均衡。但在复杂系统动力学中，均衡状态就意味着系统的"死亡"。

5. 非周期性与开放性

复杂系统的行为一般是没有周期的。非周期性展现了系统演化的不规则性和无序性，系统的演化不具有明显的规律。系统在运动过程中不会重复原来的轨迹，时间路径也不可能回归到它们以前所经历的任何一点，它们总是在一个有界的区域内展示出一种通常是极其"无序"的振荡行为（如三体问题）。系统是开放的，是与外部相互关联、相互作用的，系统与外部环境是统一的。开放系统不断地与外界进行物质、能量和信息的交换，没有这种交换，系统就无法生存和发展。任何一种复杂系统，只有在开放的条件下才能形成，也只有在开放的条件下才能维持和生存。开放系统具有自组织能力，能通过反馈进行自控和自调，以达到适应外界变化的目的；具有稳定性能力，保证系统结构稳定和功能稳定，具备一定的抗干扰性；在与环境的相互作用中，具有不断复杂化和完善化的演化能力（如生命系统、生态系统、社会系统）。

6. 初值敏感性（积累效应）

初值敏感性，即所谓的"蝴蝶效应"或积累效应，是指在混沌系统的运动过程中，如果起始状态稍微有一点改变，那么随着系统的演化，这种变化就会迅速积累并被放大，最终导致系统行为发生巨大的变化。这种初值敏感性使得我们不可能对系统做出精确的长期预测。

7. 奇异吸引性

复杂系统在相空间里的演化一般会形成奇异吸引子。吸引子是指一个系统的时间运行轨道渐进地收敛到的一系列点集。换句话说，吸引子是一个系统在不受外界干扰的情况下最终趋向的一种稳定行为形式。而奇异吸引子既不同于稳定吸引子，它使系统的运行轨道趋向于单点集（点吸引子）或一些周期圆环（极限环）；也不同于不稳定吸引子，它使系统趋向于一些完全随机的行为形式。如图1.2所示的洛伦茨吸引子，是奇异吸引子的一个著名例子，它是在研究天气预报中大气对流问题的洛伦茨模型中得到的。奇异吸引子既稳定又不稳定，处在稳定和不稳定区域之间的边界。系统在所有相邻的轨道上运行，最终都会被吸引到它的势力范围，但吸引子中2个任意接近的点，虽然同属于一个吸引子，却可能发生背离，轨道的背离是因为它具有初值敏感性（轨道的背离也叫分叉，如生命演化过程中物种的分化）。

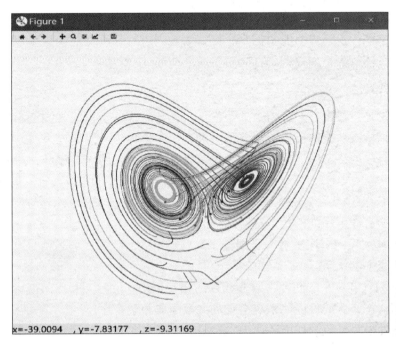

图1.2　洛伦茨吸引子　　　　　　　　扫码看彩图

8. 自相似性（分形性）

所谓自相似性是指系统的部分以某种方式与系统的整体具有相似性，也称为分形性。分形的 2 个基本特征是没有特征尺度和具有自相似性。对于经济系统，这种自相似性不仅体现在空间结构上（结构自相似性），还体现在时间序列的自相似性中。一般来说，复杂系统的结构往往具有自相似性，或者其几何表征具有分数维。图 1.3 是由计算机 IFS 算法生成的分形，将在本书第 8 章分形模型中介绍。

图 1.3　计算机 IFS 算法生成的分形

9. 涌现

霍兰说：“涌现现象是以相互作用为中心的，它比单个行为的简单累加要复杂得多。”涌现是指复杂系统中的行为个体根据各自行为规则相互作用所产生的没有事先计划但实际却发生了的一种行为模式。由于产生涌现的系统是确定系统，因此涌现并非随机现象。在随机事件中，整体行为模式不能根据其个体行为规则进行预测。涌现也可以表述为整体模式不能还原其个体行为，如蚁群的社会行为、Shelling 模型等。

10. 自组织演化

自组织理论是指在没有外部指令的条件下，系统内部各子系统之间能自行按照某种规则形成一定的结构或功能的自组织现象的一种理论。该理论主要研究系统怎样从混沌无序的初态向稳定有序的终态的演化过程和规律。系统论认为无序向有序演化必须具备以下几个基本条件。

（1）产生自组织的系统必须是一个开放系统，系统只有通过与外界进行物质、能量和信息的交换，才有产生和维持稳定有序结构的可能。

（2）系统从无序向有序发展，必须处于远离热平衡的状态，非平衡是有序之源。开放系统必然处于非平衡状态。

（3）系统内部各子系统间存在着非线性的相互作用。这种相互作用使得各子系统之间能够产生协同动作，从而可以使系统由杂乱无章变成井然有序。

除以上条件外，自组织理论还认为，系统只有通过离开原来状态或轨道的涨落才能使有序成为现实，从而完成有序新结构的自组织过程。

1.2.4 系统建模方法论

有关系统建模方法论的探讨,可以追溯到科学研究方法论上。模型本身就是一种认知形式,广义上讲任何认知都是一种模型。科学研究就是一个求知的过程,是一个提出模型、验证模型和研究模型的过程。科学家可以从已有的模型框架中延伸产生新的模型,也可以独辟蹊径建立新的模型架构。

科学研究需要方法论的指导。还原论的思想可以追溯到古希腊哲学家德谟克利特的原子论,古圣先贤们一直试图找到大千世界最真实的本原,再从这个本原条理清晰地构建这个大千世界。在这一信念的指导下,牛顿经典力学诞生了,取得了科学上的巨大成就。经典物理学基本假定所有物质现象都可以用一套预先确定的物理学定律加以解释。在20世纪初,人类认识世界的终极目标眼看就要完成,科学家们迫不及待地认为真理就是将所有的现象分解为原子的运动。经典物理学获得如此巨大的成功后,物理学的思想和方法迅速向其他学科和领域扩展。在整个18世纪乃至19世纪,几乎所有的自然科学家都按照这种模式去研究自然。物理学在整个科学领域的地位决定了物理学的思想和方法成为判断一切科学的标准,由此建立了还原论的科学范式。还原论是一种哲学观点,主张某一层次的现象都可以通过分析较低一层次的各个组分的性质和相互作用而得到解释。即使是面对复杂而神秘的生命现象,也有还原论者认为同样可以用生物体内的原子运动、力的相互作用和能量变化来进行解释。

然而,随后的科学发展开始进入深水区,随着越来越多的科学新发现,那些在浅滩上清晰可见的事物不再清晰。促使科学家从传统还原论到系统整体论转变的众多科学成就中,有两个科学成就最值得一提:一个是在1859年,达尔文的《物种起源》问世,以进化论为基础的生物学的发展打破了人们的完美幻象,一系列生物学概念和理论独立于当时以物理学为楷模的科学体系的形式而产生;另一个是在19世纪末期,英国著名物理学家W·汤姆生在回顾物理学所取得的伟大成就时说:"物理学大厦业已建立,所剩只是一些修饰工作。"同时,他在展望20世纪物理学前景时,却若有所思地讲道:"动力理论肯定了热和光是运动的两种方式,现在美丽而晴朗的天空却被两朵乌云笼罩了,第一朵乌云出现在光的波动理论上,第二朵出现在关于能量均分的麦克斯韦-玻尔兹曼理论上。"正是由于这两朵"乌云"诞生了20世纪最辉煌的理论——相对论和量子力学,也让人们重新审视还原论的科学哲学。

从科学史的角度来看,还原论是人类认识的一个必经阶段,同时也是现代整体论思维方式发展的一个必要准备。近代科学的产生、发展和所取得的成就都离不开还原论的作用,同时以还原论为特点的传统科学体系下各学科的快速发展极大地拓展了人们的视野,日益丰富的研究对象使有限的科学知识逐渐难以应付。

传统科学产生的精确感与简单性让一些人难以接受以整体论为基础的现代科学。整体论的确大大削弱了建立在还原论基础上的科学客观性和真理性,但整体论可以深化对系统功能的认识,并为现代科学的深入发展提供了新的思路与理念。随着科学的进一步发展,还原论与整体论各自都表现出了极大的包容性。

直到20世纪七八十年代,复杂性科学的兴起成就了整体论,使得与复杂系统相适应的整体论逐渐被接纳。复杂性科学研究演化,研究系统从无序到有序,或者从一种有序结构到另外一种有序结构的演变过程。复杂性科学的研究依靠物理实验或模型、数学模型和计算机模拟,因此其方法论在大方向上是整体论的,但在局部设计上还是还原论的。另一方面,复杂性科学的高度综合造就了大量的新兴学科,包括交叉学科、横断学科及综合学科。这些学科对客观事物进行整体的动态研究,从而为科学主体提供了多层次、多角度观察世界的新的思维方式。概括地讲,复杂性科学与新兴学科的研究方法,是在超越还原论和整体论的基础上,将两者结合起来形成的一种新的方法论。

还原论和整体论是 2 种对立统一的方法论,还原论坚信任何表面复杂的现象背后都有简单的本质,而整体论认为事物复杂性不能全部归因于简单的本质。简单性一向是现代自然科学的一条通则。许多科学家相信自然界的基本规律是简单的。爱因斯坦曾是这种观点的突出代表者。虽然复杂现象比比皆是,但人们还是努力把它们还原成更简单的主体或过程。当然,的确有不少复杂的事物或现象,其背后确实存在简单的规律或过程。但是,也存在大量的事物和现象不能用简单的还原论方法进行处理。事实上,简单性与复杂性是客观事物的 2 种不同表现形式,复杂性必须用复杂性的方法来研究。

在方法论层面,复杂性科学对还原论进行了批判和超越,复杂系统本身的多样性、相关性和一体性是与其自身的整体性紧密联系在一起的。需要强调的是,批判和超越并不是绝对否定和抛弃,而是利用和超越的"扬弃"。整体论具有从整体看问题的长处,还原论具有深入分析问题的优点,二者结合使我们对客观事物的认识由简单还原论上升到复杂整体论。综上所述,表 1.1 是整体论和还原论的对比。

表 1.1 整体论和还原论的对比

整体论	还原论
不破坏完整性	分解为因子
发现模式	发现规律
面向哲学、兼顾问题	面向问题
运用隐喻	建立模型
演绎	归纳
直觉	逻辑
经验	观察和实验
重性质	重量化
宏观	微观和宇观
将系统理解为主体	将系统理解为客体

1.2.5 复杂系统的成因

科学必须建立在理性思维基础上,知其然还要知其所以然。人们观察和分析复杂性,了解了产生复杂性的部分成因,但还有很多神秘事物的产生机制有待研究。如果系统内部有以下机制,很大概率会出现系统的复杂行为。

1. 关联

系统的基本特征不是单体的特性,而是单体是如何相互关联形成组织的,因为这类系统共同的特点是长程关联（局部反映导致整体具有一致性的行为）。关联往往导致非线性。最典型的例子是市场，市场复杂系统给出价格是市场网络相互作用的结果，又如神经元是通过相互作用构成神经网络来处理信号的。

2. 反馈

反馈是控制系统的核心概念。复杂系统描述一个系统的时间变化过程，如市场价格的波动、神经网络随时间的活动等，研究这个时间变化过程，往往要考虑此刻的结果对下一刻系统结果输出的影响。例如，股市理论中的反身性就是一种反馈机制。反馈分为正反馈和负反馈，负反馈导致平衡；正反馈导致不稳定性，如雪崩、股市崩盘。在所有复杂系统中，都存在正反馈和负反馈。反馈带有回路的概念。一个单元通过相互作用将信息传递给另一个单元，反过来另一个单元又可以把信息传递回来。反馈往往是指此刻的活动对下一刻的活动的影响。比如，市场价格永远围绕均衡波动。价格高，导致销量下降；为提高销量，又降低价格，这是典型的负反馈。负反馈把系统维持在稳定位置。

3. 相变

相变是指整个系统从一个相到达另一个相的过程。这是复杂系统的重要性质，也是整体行为形成的核心。当系统主导反馈的性质发生变化，则可能要经历一个相变。相变理论是复杂系统研究的重要对象，影响一个系统相变的主要因素有两个，一个是熵（无序性，系统信息的缺失），另一个是某种趋同的效应。相变在自然和社会中无处不在，自然中的相变包括冰和水之间的转化、磁铁从一种相到另一种相的变化；社会中的相变包括新制度的诞生、旧体制的解体、人类历史王朝的更迭等。临界是相变理论中的重要概念，大部分和我们息息相关的系统事实上都处于某种程度的临界态（或靠近临界态），包括大部分的生物系统和经济系统。研究临界可以了解相变的发生和方向。

1.2.6 复杂系统的分析与建模

面对一个复杂系统，我们首先需要分析系统的特征和功能，从而选择一种模型类型，对系统进行建模和仿真。分析系统的方法主要有以下几种。

1. 符号动力学方法（Symbolic Dynamics）

通过建立符号动力系统，系统的状态均可表示为有限个符号的无穷序列，而由任一状态点引出的运动轨道可由表示该状态的无穷序列通过简单的移位规则来确定。许多复杂动态系统均可经过变换等价于这类系统，从而可通过对比较简单的符号动力系统的分析来研究一般动力系统的行为。这种方法在混沌等复杂行为研究中占有重要地位。实际上，这种方法可以证明移位映射是一种混沌映射，如斯梅尔研究的马蹄映射。

2. 结构解释法（ISM）

结构解释法是现代系统工程中广泛应用的一种分析方法，是结构模型化技术的一种。它是将复杂的系统分解为若干子系统要素，利用人们的实践经验和知识，以及计算机的帮助，最终构成一个多级递阶的结构模型。此模型以定性分析为主，属于概念模型，可以把模糊不清的思想和看法转化为直观的、具有良好结构关系的模型，特别适用于变量众多、关系复杂而结构不清晰的系统的分析，也可用于方案的排序等。它的应用十分广泛，从能源等国际性问题到地区经济开发、企事业甚至个人范围的问题等。

3. 系统动力学方法（System Dynamics）

系统动力学方法是指建立基于微分方程、控制理论、非线性动力系统、非线性微分方程的数学模型的一种方法。

4. 复杂适应系统方法（Complex Adaptive System）

复杂适应系统方法是指运用多主体系统进行建模的方法。

分析了解系统的特征和功能之后，需要选择一个合适的模型类型，建立系统的模型并进行模拟仿真。基于计算机的模拟仿真模型主要有以下类型。

（1）系统动力学模型（System Dynamics）。
（2）元胞自动机模型（Cellular Model）。
（3）多主体模型（Multi-Agent Model）。
（4）网络模型（Network Mode）。
（5）分形模型（Fractal Model）。
（6）离散事件模型（Discrete Event Model）。
（7）统计学习模型（Statistical Learning Model）。
（8）人工神经网络模型（Artificial Neural Network Model）。
（9）其他，如三维模型、地理信息模型、艺术模型等。

1.3 复杂系统模型的发展现状

1.3.1 自然科学领域

混沌系统是最早发现的复杂系统，洛伦兹的实验错误导致了混沌现象的发现。混沌一词的提出引起了学术界极大的兴趣，当时学术界的主流只注意到强调因果关系的确定性系统，直到1975年，美国数学家李天岩和约克将洛伦兹的发现建立了泛化形式，提出了著名的李-约克定理，从而正式定义了"混沌（Chaos）"的概念。1976年，美国生物学家梅依（R. M. May）将李-约克定理应用于生物群种的研究，采用形象的分叉理论描述李-约克定理及混沌现象。

物理学家瑞勒（Ruelle）和塔肯斯（Takens）用混沌理论阐述流体力学中的百年难题——湍流机理问题。许多经济学家，如斯徒泽（Stutzer）、德依（Day）、贝哈鲍比（Benhabib）、谢菲（Shafer）、沃尔夫（Wolff）、伍德菲德（Woodford）、丹克瑞（Deneckere）和普里曼（Peliman）等在20世纪80年代从不同角度成功地将混沌理论应用于经济管理的研究之中。1990年，美国马里兰大学的物理学家奥特（Ott）、格里博士（Greebogi）及约克（Yorke）三人首先从理论上提出了混沌控制方法，后来简称为OGY方法。这些成果拉开了运用混沌理论与方法研究复杂性的序幕，为人类认识和控制复杂系统开辟了新的途径。

诺贝尔化学奖获得者普利高津（Ilya Prigogine）领导Brussels学派，他与尼利科思合著了著名的《探索复杂性》一书，拉开了复杂性科学这门综合性学科的序幕。

1984年，在诺贝尔物理学奖获得者盖尔曼（Murray Gell-mann）和安德逊（Philip Anderson）、诺贝尔经济学奖获得者阿若（Arrow）等人的支持下，一批从事物理、经济、理论生物、计算机科学的著名研究人员组建了著名的桑塔菲研究所,试图通过将多个领域的人物和思想聚在一起的手段来找出支配着这些复杂系统的一般规律。他们认为复杂系统是由许多的相互作用的"Agent"组成的,"Agent"之间的相互作用可以使系统作为一个整体产生自发性的自组织行为。在这种情况下,单个的"Agent"通过寻求互相的协作、适应等超越自己、获得"思想"、达到某种目的或形成某种功能,并使系统有了整体的特征。而且,每一个这样的复杂系统都具有某种动力,这种动力与混沌状态有很大的差别,因为用混沌理论无法解释结构和内聚力,以及复杂系统的自组织内聚性。复杂系统具有将秩序和混沌融入某种特殊平衡的能力,它的平衡点被称为混沌的边缘。在这种状态下,系统的"Agent"不会静止在某一状态中,但也不会动荡甚至解体。在这种状态下,系统有足够的稳定性来支撑自己的存在,又有足够的创造性使自己维持发展。基于对复杂系统构成的这种认识,创立了适应系统(CAS)理论,认为稳定和均衡是组织的规范状态,作为对外部环境变化的反映,组织系统通过自身调节以适应环境的要求。

1.3.2 经济管理领域

经济管理领域最早的论著是美国 George Mason 大学的 Warfield 教授于 1976 年出版的专著《社会系统:计划、政策与复杂性》。

Malaska 和 Kinnunen(1986)发现组织决策会导致存储问题的混沌、无序和意外的结果;Streufert 和 Swezey 于 1986 年出版了《复杂性、管理者和组织》一书。

Loye 和 Eisler(1987)研究了社会科学中的混沌和非均衡现象;Warfield(1990)出版了通过系统设计的方法管理复杂性的著作,提出了通过结构化系统分析处理在复杂环境下有效提高决策效果的系统方法;Richards(1990)研究证实了战略计划存在的混沌与复杂性。

Mosekilde 等人(1991)揭示了制造加工过程的管理决策的不稳定性和复杂性。

Kiel 和 Elliott(1992)的研究认为政府预算是一个充满变化的非线性的复杂系统。

Kiel(1993,1994)运用非线性动力学方法发现,在政府组织中存在混沌和"隐序"现象。

Comfort(1993)证明了复杂性科学能作为一种模型在自然的或技术的灾难发生期间协调组织内部的活动;Warfield 和 Cárdenas(1994)提出了交互式管理的理论与方法,为在复杂环境下的决策提供了较为可行的决策分析方法。

Thietart 和 Forgues(1995)研究了混沌与组织的关系。

Stacey(1996)研究了组织复杂性与创造性问题,研究指出组织是复杂的演化系统,并在三种区域中运行:当运行于不稳定区域时,无论是长期还是短期,组织的行为都是不可预测的;当运行于稳定区域时,组织的短期行为是可以预测的;当运行于混沌的边缘时,组织行为是不可预测的,但是不稳定性会局限于一个有限边界内。Sackmann(1997)研究了组织的文化复杂性问题后指出,新时代的组织文化充满了冲突和复杂性,并从多个层次进行了初步分析。

Axlord(1997)研究了组织合作复杂性问题,初步分析了组织合作稳定与不稳定性条件。

Holland(1998)出版了《涌现:从混沌走向有序》一书。

Flood. Carson(1988,1993)和 Gharajedaghi(1999)从系统方法的角度研究了管理

混沌与复杂性的方法。

1.3.3 桑塔菲研究所

桑塔菲研究所（Santa Fe Institute，SFI）地处美国新墨西哥州首府圣菲，毗邻洛斯阿拉莫斯国家实验室，是一个独立私有的、非营利的、跨学科的研究机构和教育中心。

SFI 是当代交叉学科研究所的典范，其使命就是引导和培养跨学科的、卓越的、最新的和具有催化作用的科学研究，以试图突破牛顿以来近现代自然科学体系的思维瓶颈，其研究重点是简单－复杂性、复杂系统和复杂适应性系统。研究所的规模较小，固定工作人员不多，主要研究者是来自欧美的短期访问学者（一年内接纳超过 100 名来访学者，另外将近 800 多名学者参加了研讨会），分别研究物理学、生物学、计算和社会科学等领域。SFI 为跨学科的课题合作研究提供了一个良好的宽松环境，其研究计划由科学顾问部监督，顾问包括诺贝尔奖得主、美国国家科学院成员等著名科学家。《复杂：诞生于秩序与混沌边缘的科学》一书介绍了这个研究所的故事，在国际上有极高的学术影响。

SFI 的研究主题包括智能的复杂性，有关自然的、人工的和集体的智能；时间复杂性理论，有关适应、衰老、时间之矢问题；发明与创新、局限性问题、心理模型的复杂性、费尔德斯坦计划、历史与监管计划等。其中，每个研究主题下包含了若干研究项目，这些研究项目有智能嵌入理论、集群智能、城市规模与可持续性发展、财富不平等的动态模型、复杂社会的出现、探索生命的起源、人类在生态网络中的位置和信息、热力学和生物系统复杂性的演变、社区贫民窟和人类聚居环境的发展、社交网络大数据和相关性推理、个人行为和社会制度的共同演化、人类语言的起源、演变和多样性、信仰演化问题、社区互动效应、计算的热力学等。

第 2 章

建模工具

本章介绍运用建模工具进行建模的技术,以及不同建模工具的特点,内容包括简要介绍本书中使用的各种建模工具,介绍程序设计语言 Python 中与建模相关的软件包。本章并不介绍 Python 程序设计语言,而是让读者了解常用的计算机建模方法。相关的编程知识读者需要从其他渠道学习。

2.1 建模工具概述

在人类文明的发展过程中,建模集中体现了人类的智慧。从语言、文字等各种标志到绘画、雕塑等各种艺术品,再到科技馆、科学实验室里各种装备设施,这些模型从不同的角度充分表达了思想、意图、原理、功能等信息,记录和传递着人类的文明。计算机的诞生为建模提供了一个崭新的方法,本书介绍运用信息技术进行建模和仿真,它不同于符号模型、实体模型和数学模型,这类模型称为计算机模型。

计算机模型具有最丰富的表达能力,它既具有实体模型的静态细节,又具有数学模型的动态特征,它可以将抽象的理念可视化,也可以将高维空间模型投射到低维空间。对比实体模型,它通常成本低廉;对比数学模型,可视化技术使它更容易被人们理解和接受。建立计算机模型的过程与数学模型建模基本相似,典型过程如下所述。

(1) 观察对象。

(2) 提出一个可以解释对象行为的假设。

(3) 根据假设,建立模型。

(4) 对模型进行模拟仿真,观察实验数据与实际现象的吻合程度。

(5) 如果吻合程度欠佳,则说明假设与事实不符,需重新设定假设,重复上述过程。

(6) 模型与实际对象行为一致,则可以运用模型预测对象行为或控制对象行为。

上述过程也是一般科学研究的认知过程,其中包括了建模与仿真,也就是假设与检验。

计算机模型在本质上依然是数学模型。首先需要建立实际对象的数学模型,在数学模型的基础上,运用各种信息技术将模型转换为计算机模型。在运用信息技术时,我们通常有 2 个选择,一个选择是使用某种计算机程序设计语言,如 C++、Java、Python 等,通过编写源代码直接建立对象软件模型。一般情况下,这条建模路线是费时费力的,优点是具有最大的灵活度。另一个选择是通过某种软件工具进行建模,这种方法一般比较省事,软件工具提供了丰富的建模功能，特别是一些特殊领域的建模，如电路设计、建筑设计等。这种方法的缺点是缺少灵活性，软件框架可能会限制用户的特殊需求及想象力。

在大多数情况下，人们一般会选择软件工具进行建模，其原因是多数人不能熟练运用程序设计语言进行编程，或者编程建模的时间周期太长，有时需要快速建立对象的一个粗略原型。运用恰当的软件工具建模，可以大大提高建模速度，通常软件工具的可视化水平都是很好的。为了满足不同场合的建模需要，可基于不同的程序设计语言（通常是 C++、Java）建模，目前常见的建模工具软件有 Matlab、AnyLogic、Scilab、Swarm、NetLogo、RePast、FABLES 等。

2.2 Python 建模工具包

按照本章开始的讨论，更为本质和灵活的计算机建模方法是使用程序设计语言进行建模。但是，使用程序设计语言建模存在速度慢、易出错、可视化程度低等各种缺点。由于 Python 易学易用且拥有丰富的软件包，因此使用 Python 程序设计语言建模，基本可以弥补上述不足。运用各种专用的 Python 软件包建模，在效率和质量方面可以接近软件工具，在灵活性方面与程序设计语言相当。本书中的模型实例全部采用 Python 软件包进行建模。

Python 提供了丰富的第三方开放软件资源，对于建模有用的软件包主要包含两大类，一类是数据分析类软件包，包括矩阵分析、大数据分析、概率统计分析、数值计算等；另一类是可视化类软件包，包括图表、图像、视频、二维图形、三维图形等。本书使用的 Python 软件包主要包括 NumPy、SciPy、SimPy、SymPy、SimuPy、Matplotlib、PyGame、Mesa、PIL、NetworkX、Sklearn、TensorFlow 等，本节分别做简单介绍，熟悉这些软件包的读者可以略过本节。只有成功安装这些 Python 软件包，才能顺利运行本书的全部实例。

本书的所有模型实例，均可在个人计算机上运行，运行时间一般从几分钟到几小时。通过这些模型案例，读者可以学习建模方法，修改模拟参数，观察模型功能，分析模型数据。

2.2.1 NumPy

NumPy 是 Python 中用于科学计算的软件包，提供多维数组对象和各种派生对象（如数组和矩阵），以及用于数组快速操作的各种例程，包括数学、逻辑、数组的 Shape 操作、排序、选择、I/O、离散傅里叶变换、线性代数基础、基本统计运算、随机模拟等。

NumPy 包的核心是 ndarray 对象，封装了 N 维矩阵数据类型，在编译代码中执行可以提高运行速度。NumPy 数组和标准 Python 序列之间有如下几个重要的差异。

（1）与 Python 列表（可以动态增长）不同，NumPy 阵列在创建时具有固定大小。reshape 函数可以任意改变 ndarray 的大小，创建一个新数组并删除原始数组。

（2）NumPy 数组中的元素都需要具有相同的数据类型，因此元素大小相同。

（3）NumPy 数组有助于对大量数据进行高级数学运算和其他类型的运算。通常，与使用 Python 内置的代码相比,此类操作的执行效率更高、代码更少。

(4) 越来越多的基于 Python 的科学和数学软件包选择使用 NumPy 数组。虽然 Python 支持序列的输入和输出,但为了可靠性和效率,经常会转换为 NumPy 数组的输入和输出。

(5) 以下是按类别排序的一些有用的 NumPy 函数和方法名称。详细说明请参阅 NumPy 使用文档。

①数组创建:arange、array、copy、empty、emptylike、eye、fromfile、fromfunction、identity、linspace、logspace、mgrid、ogrid、ones、oneslike、r、zeros、zeros_like。

②类型转化:ndarray.astype、atleast1d、atleast2d、atleast_3d、mat。

③数据处理:arraysplit、columnstack、concatenate、diagonal、dsplit、dstack、hsplit、hstack、ndarray.item、newaxis、ravel、repeat、reshape、resize、squeeze、swapaxes、take、transpose、vsplit、vstack。

④问询:all、any、nonzero、where。

⑤排序:argmax、argmin、argsort、max、min、ptp、searchsorted、sort。

⑥操作:choose、compress、cumprod、cumsum、inner、ndarray.fill、imag、prod、put、putmask、real、sum。

⑦统计:cov、mean、std、var。

⑧线性代数:cross、dot、outer、linalg.svd、vdot。

2.2.2 SciPy

SciPy 是基于 NumPy 扩展构建的数学算法和便利函数的集合。它通过向用户提供高级命令和类,为交互式 Python 会话增加了强大的功能操纵和可视化数据。使用 SciPy,交互式 Python 会话成为可与 MATLAB、IDL、Octave、R-Lab 和 SciLab 等系统相媲美的数据处理和系统模型化环境。以下是 SciPy 包含的子函数库。

①cluster Clustering algorithms:集群聚类算法。

②constants Physical and mathematical constants:物理和数学常量。

③fftpack Fast Fourier Transform routines:快速傅里叶变换。

④integrate Integration and ordinary differential equation solvers:积分和常微分方程求解。

⑤interpolate Interpolation and smoothing splines:插值和平滑样条曲线。

⑥io Input and Output:输入和输出。

⑦linalg Linear algebra:线性代数。

⑧ndimage N-dimensional image processing:图像处理。

⑨odr Orthogonal distance regression:正交距离回归。

⑩optimize Optimization and root-finding routines:求根法优化。

⑪signal Signal processing:信号处理。

⑫sparse Sparse matrices and associated routines:稀疏矩阵及相关例程。

⑬spatial Spatial data structures and algorithms:空间数据结构及算法。

⑭special Special functions:特殊函数。

⑮stats Statistical distributions and functions：统计分布函数。

⑯weave C/C++ integration：C/C++ 无缝连接。

我们通过以下实例来进一步说明 SciPy 的使用。

实例 1：

求解一阶微分方程：

$$\frac{dy}{dx} = y$$

易知方程的解是：$y = Ce^x$，其中 C 为常数。

在 Python 环境下运行代码清单 2.1，当初值为 $y(0) = 0$ 时，输出一阶微分方程的特解如图 2.1 所示。

代码清单 2.1　SciPy 求解一阶微分方程

```python
import numpy as np
from scipy.integrate import odeint
import matplotlib.pyplot as plt
def diff_equation(y,x):
    return np.array(y)
x = np.linspace(0,1,num=100)
result = odeint(diff_equation,1,x)
plt.plot(x,result[:,0])
plt.grid()
plt.show()
```

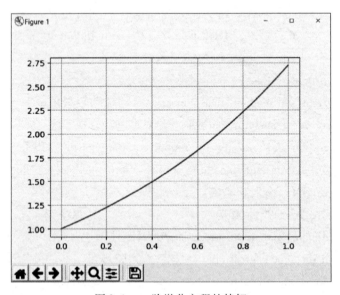

图 2.1　一阶微分方程的特解

实例 2：

求解二阶微分方程：

$$y'' + y = 0$$

易知方程的解是：$y = C_1\sin(x) + C_2\cos(x)$，其中 C_1、C_2 为常数。

运行代码清单 2.2，当 $y(0)=1$，$y'(0)=1$ 时，输出二阶微分方程的特解如图 2.2 所示，蓝色是原函数曲线，橙色是一阶导数曲线。

代码清单 2.2　SciPy 求解二阶微分方程

```
import numpy as np
from scipy.integrate import odeint
import matplotlib.pyplot as plt
def diff_equation(y_list,x):
    y,z=y_list
    return np.array([z,-y])
x=np.linspace(0,np.pi*2,num=100)
y0=[1,1]#y(0)=1,y'(0)=1
result=odeint(diff_equation,y0,x)
plt.plot(x,result[:,0],label='y')#y的图像,y=cos(x)+sin(x)
plt.plot(x,result[:,1],label='z')#z的图像,也就是y'的图像,z=-sin(x)+cos(x)
plt.legend()
plt.grid()
plt.show()
```

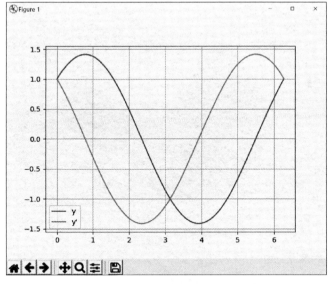

图 2.2　二阶微分方程的特解

扫码看彩图

2.2.3　Matplotlib

Matplotlib 是一个用于在 Python 中制作二维、三维图形的软件包。虽然它起源于模仿 MATLAB 图形命令，但它独立于 MATLAB，可以在 Python 中使用。虽然 Matplotlib 主要是用纯 Python 编写的，但它大量使用 NumPy 和其他扩展代码，对于大型矩阵也能提供良好的性能。

MATLAB 擅长制作外观漂亮的图表，因此可以使用 MATLAB 进行数据分析和可视化。Python 弥补了 MATLAB 作为编程语言的所有缺陷，在二维、三维绘图方面提供丰富和稳定的功能。

实例 3：

在三维空间显示了一个二元函数：$f(x,y) = x^2 + y^2$。图 2.3 是代码清单 2.3 的运行结果，在三维坐标系中显示了该二元函数的形态。

代码清单 2.3　Matplotlib 显示三维图形实例

```
import numpy as np
import matplotlib.pyplot as plt
from mpl_toolkits.mplot3d import Axes3D
fig = plt.figure()
ax = Axes3D(fig)
x = np.linspace(-1,1,50)
y = np.linspace(-1,1,50)
xs,ys = np.meshgrid(x,y)
zs = xs**2 - ys**2
ax.plot_surface(xs,ys,zs)
plt.show()
```

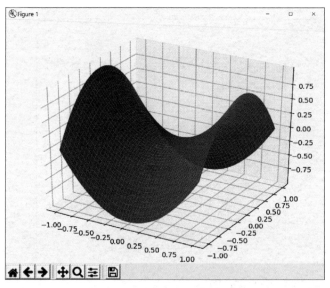

图 2.3　三维坐标系显示二元函数

扫码看彩图

2.2.4　SimPy

SimPy 是一个基于标准 Python 以进程为基础的离散事件仿真框架。

SimPy 中的进程由 Python 生成器函数定义，可用于对活动对象进行建模，如客户、车辆或代理商等。

SimPy 还提供各种类型的共享资源，如容量拥塞点（代表服务器、结账柜台、隧道等）。

模型通过事件驱动，可以用时间控制。模拟过程可以选择"尽可能快""实时"或"通过手动单步执行事件"等。

实例 4：

代码清单 2.4 简单模拟两个周期事件，fast 事件的周期是 0.5 秒，slow 事件的周期是 1 秒。模拟过程从 0 秒时刻开始到 2 秒时刻结束。

代码清单 2.4　离散事件仿真框架 SimPy 案例

```
import simpy
def clock(env, name, tick):
    while True:
        print(name, env.now)
        yield env.timeout(tick)
env = simpy.Environment()
env.process(clock(env,'fast',0.5))
env.process(clock(env,'slow',1))
env.run(until=2)
```

运行结果：

fast 0

slow 0

fast 0.5

slow 1

fast 1.0

fast 1.5

2.2.5　SimuPy

SimuPy 是一个用于动态系统模型的框架，并提供了一个基于 Python 的开源工具，可用于基于模型和系统的设计和仿真工作流程，可以使用 API 文档中描述的接口将动态系统模型指定为对象，也可以使用符号表达式构建模型。我们将在本节第 7 章系统动力模型中使用这个软件包。

2.2.6　PyGame

PyGame 软件包的基本功能是设计游戏，当然这个软件包也可以用来进行系统建模和仿真。下面用代码建立一个 Windows 窗口，并显示各种颜色和形状的几何图形。在本书第 10 章，我们将利用该软件包设计一个俄罗斯方块游戏。

实例 5：

用 PyGame 软件包绘制不同颜色和形状的几何图形。图 2.4 是代码清单 2.5 的运行结果，其中包含长方形、圆、椭圆、五边形等几何图形。

代码清单2.5　用 PyGame 软件包绘制二维图形

```
import pygame,sys
from pygame.locals import *
pygame.init()
DISPLAYSURF = pygame.display.set_mode((500,400))
pygame.display.set_caption('Drawing')
BLACK = ( 0, 0, 0)
WHITE = (255,255,255)
RED = (255,0,0)
GREEN = ( 0,255, 0)
BLUE = ( 0, 0,255)
DISPLAYSURF.fill(WHITE)
pygame.draw.polygon(DISPLAYSURF, GREEN, ((146,0), (291,106), (236,277),(56,277),(0,106)))
pygame.draw.line(DISPLAYSURF,BLUE,(60,60),(120,60),4)
pygame.draw.line(DISPLAYSURF,BLUE,(120,60),(60,120))
pygame.draw.line(DISPLAYSURF,BLUE,(60,120),(120,120),4)
pygame.draw.circle(DISPLAYSURF,BLUE,(300,50),20,0)
pygame.draw.ellipse(DISPLAYSURF,RED,(300,250,40,80),1)
pygame.draw.rect(DISPLAYSURF,RED,(200,150,100,50))
pixObj = pygame.PixelArray(DISPLAYSURF)
pixObj[480][380] = BLACK
pixObj[482][382] = BLACK
pixObj[484][384] = BLACK
pixObj[486][386] = BLACK
pixObj[488][388] = BLACK
pygame.display.flip()
pygame.display.update()
clock = pygame.time.Clock()
clock.tick(15)
del pixObj
while True:
    for event in pygame.event.get():
        print(event)
        if event.type == QUIT:
            pygame.quit()
            sys.exit()
        pygame.display.update()
```

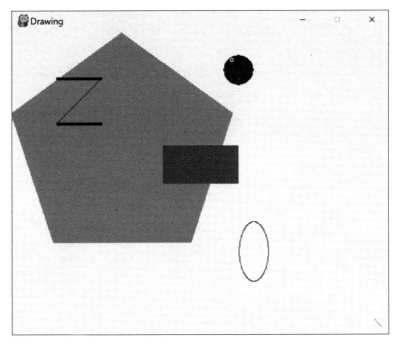

图 2.4　PyGame 软件包绘制二维图形案例

扫码看彩图

2.2.7　SymPy

SymPy 是一个数学符号软件包，包括积分、微分方程等各种数学运算方法，为 Python 提供了强大的数学运算支持。虽然对于离散数据操作最多的还是 NumPy 里的函数，但 SymPy 软件包包含了积分、微分和三角函数等数学符号运算，对于数学模型在计算机上实现是非常直接的。

实例6：

代码清单 2.6 使用 SymPy 软件包解三元一次方程：

$$\begin{cases} 2x - y + z = 10 \\ 3x + 2y - z = 16 \\ x + 6y - z = 28 \end{cases}$$

代码清单 2.6　SymPy 解三元一次方程

```
from sympy import *
x = Symbol('x')
y = Symbol('y')
z = Symbol('z')
f1 = 2* x - y + z - 10
f2 = 3* x + 2* y - z - 16
f3 = x + 6* y - z - 28
print(solve([f1, f2, f3]))
```

运行结果：

{x: 46/11, y: 56/11, z: 74/11}

实例7：

代码清单2.7 使用SymPy软件包解二阶常系数齐次微分方程：

$$f(x)'' + f(x) = 0$$

代码清单2.7　SymPy解二阶常系数齐次微分方程

```
import sympy as sy
def differential_equation(x, f):
    return sy.diff(f(x), x, 2) + f(x)    # f(x)''+f(x)=0 二阶常系数齐次微分方程
x = sy.symbols('x')    # 约定变量
f = sy.Function('f')    # 约定函数
print(sy.dsolve(differential_equation(x, f), f(x)))    # 打印
sy.pprint(sy.dsolve(differential_equation(x, f), f(x)))    # 漂亮的打印
```

运行结果：

Eq(f(x), C1*sin(x) + C2*cos(x))

$f(x) = C_1 * \sin(x) + C_2 * \cos(x)$

实例8：

直接利用符号表示的数学公式绘制三维曲面：

$$y = xe^{-x^2-y^2}$$

图2.5是代码清单2.8的运行结果，用SymPy直接利用符号表示的数学公式绘制三维曲面，代码非常简洁。

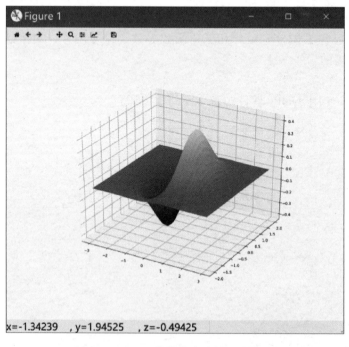

图2.5　SymPy数学公式绘制三维曲面

扫码看彩图

代码清单 2.8　SymPy 绘制三维曲面

```
from sympy import symbols
from sympy.plotting import plot3d
from sympy.functions import exp
x, y = symbols('x y')
plot3d(x* exp(-x* * 2-y* * 2), (x, -3, 3), (y, -2, 2))
```

实例9：

直接利用符号表示的数学公式绘制二维曲线：
$$y = x^2$$

图 2.6 是代码清单 2.9 的运行结果，用 SymPy 直接利用符号表示的数学公式绘制二维曲线。

此外，SymPy 可以求极限、导数、积分、定积分等。

代码清单 2.9　SymPy 绘制二维曲线

```
from sympy.plotting import plot
from sympy import symbols
x = symbols('x')
p2 = plot(x* x, (x, -10, 10))
```

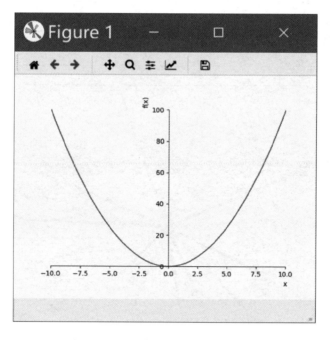

图 2.6　SymPy 数学公式绘制二维曲线

2.2.8　PIL

PIL 是常用的图像处理插件，与 pillow 相似但不同，安装有点麻烦。PIL 具有图像处理的大部分功能，如输入/输出、图像显示、图像变换等。

2.2.9 Mesa

Mesa 是基于主体的建模软件包,基于主体建模是一种非常重要的复杂系统建模方法,将在本书第 4 章多主体模型中详解。

2.2.10 NetworkX

在自然、社会和经济系统中,网络模型建模和应用越来越重要。NetworkX 软件包用于复杂动态网络建模,包含非常丰富的函数和案例。

实例 10:

生成星形网络。图 2.7 是运行代码清单 2.10 生成的包含 20 个节点的星形网络,使用蓝色色系标注不同的节点和连接。

代码清单 2.10 NetworkX 生成星形网络

```python
import matplotlib.pyplot as plt
import networkx as nx
G = nx.star_graph(20)
pos = nx.spring_layout(G)
colors = range(20)
nx.draw(G, pos, node_color='#A0CBE2', edge_color=colors,
        width=4, edge_cmap=plt.cm.Blues, with_labels=False)
plt.show()
```

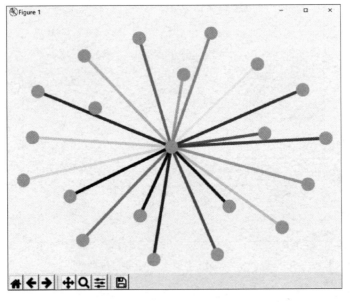

图 2.7 NetworkX 生成的星形网络

扫码看彩图

实例 11:

生成随机网络。图 2.8 是代码清单 2.11 的运行结果,用 NetworkX 生成的随机网络,其中包含200个节点，节点之间的连接概率是0.125。

代码清单2.11　NetworkX生成随机网络

```python
import matplotlib.pyplot as plt
import networkx as nx
G = nx.random_geometric_graph(200, 0.125)
pos = nx.get_node_attributes(G, 'pos')
dmin = 1
ncenter = 0
for n in pos:
    x, y = pos[n]
    d = (x - 0.5)**2 + (y - 0.5)**2
    if d < dmin:
        ncenter = n
        dmin = d
p = dict(nx.single_source_shortest_path_length(G, ncenter))
plt.figure(figsize=(8, 8))
nx.draw_networkx_edges(G, pos, nodelist=[ncenter], alpha=0.4)
nx.draw_networkx_nodes(G, pos, nodelist=list(p.keys()),
                       node_size=80,
                       node_color=list(p.values()),
                       cmap=plt.cm.Reds_r)
plt.xlim(-0.05, 1.05)
plt.ylim(-0.05, 1.05)
plt.axis('off')
plt.show()
```

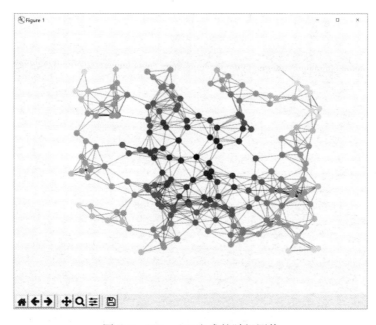

图2.8　NetworkX生成的随机网络

扫码看彩图

2.3 简单案例：Schelling 模型

本节通过一个简单的综合实例介绍 Python 建模的基本过程。著名的 Schelling 模型，其建立的目的是测试当居民更倾向于选择同种族的邻居时，整体上会出现怎样的分布结果。规则是当同种族邻居的比例上升到一定阈值（称为相似性阈值，Similarity Threshold）时，那么可以认为这个人已经满意，如果比例没有达到阈值则认为这个人不满意。

Schelling 模型的仿真过程如下：首先将人随机分配到城里并留空一些房子。对于每个居民，都要检查他（她）是否满意，如果满意，什么也不做；如果不满意，把他（她）分配到空房子。仿真经过几次迭代后，观察最终的种族分布。

若要运行代码清单 2.12，需要导入 import pycxsimulator 和安装 pycx。这个案例将在本书第 3 章元胞自动机中进一步介绍。以下模拟设置居民的数量为 1000，邻居半径为 0.1，阈值为 0.5，即 50% 以上同种族邻居为满意。

代码清单 2.12　Schelling 模型

```python
import matplotlib
matplotlib.use('TkAgg')
from pylab import *
n = 1000 # number of agents
r = 0.1 # neighborhood radius
th = 0.5 # threshold for moving
class agent:
    pass
def initialize():
    global agents
    agents = []
    for i in xrange(n):
        ag = agent()
        ag.type = randint(2)
        ag.x = random()
        ag.y = random()
        agents.append(ag)
def observe():
    global agents
    cla()
    white = [ag for ag in agents if ag.type == 0]
    black = [ag for ag in agents if ag.type == 1]
    plot([ag.x for ag in white], [ag.y for ag in white], 'ro')
    plot([ag.x for ag in black], [ag.y for ag in black], 'ko')
    axis('image')
    axis([0, 1, 0, 1])
def update():
    global agents
    ag = agents[randint(n)]
    neighbors = [nb for nb in agents if (ag.x - nb.x)**2 + (ag.y - nb.y)**2 < r**2
                 and nb != ag]
```

(续)

```
    if len(neighbors) > 0:
        q = len([nb for nb in neighbors if nb.type == ag.type])/float(len(neighbors))
        if q < th:
            ag.x, ag.y = random(), random()
import pycxsimulator
pycxsimulator.GUI().start(func=[initialize, observe, update])
```

　　Schelling 模型的运行结果如图 2.9 所示，上图为起始的随机状态，下图为经过若干次迭代后相对稳定的分布状态。从图中我们可以看到，相同种族的人慢慢聚集到一起。这里暂不进行模拟结果的数据分析，后文有详细解释。

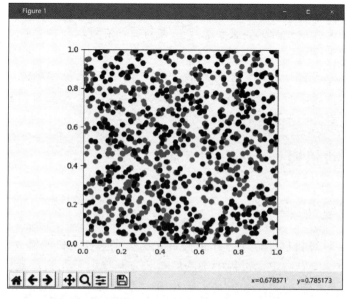

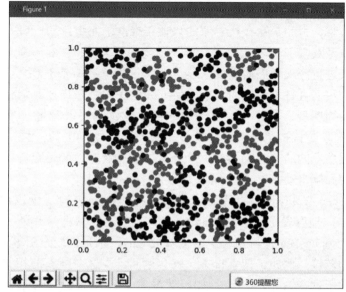

图 2.9　Schelling 模型运行结果

扫码看彩图

第 3 章

元胞自动机

元胞自动机（Cellular Automata，CA）是一种网格动力学模型，其时间、空间和状态是离散的，空间相互作用和时间因果关系是局部的，具有模拟复杂系统时空演化过程的能力。元胞自动机可用来研究很多一般现象，包括通信、信息传递、计算、构造、材料学、复制、竞争与进化等。它为动力学系统理论中有关秩序、湍流、混沌、非对称、分形等系统整体行为与复杂现象的研究提供了一个有效的模型工具。元胞自动机自产生以来被广泛地应用到社会、经济、军事和科学研究的各个领域。

3.1 元胞自动机概述

3.1.1 元胞自动机的提出

20 世纪中期，计算机创始人冯·诺依曼首先提出元胞自动机的概念。20 世纪 50 年代初，冯·诺依曼为模拟生物发育过程中细胞的自我复制提出了元胞自动机的雏形，但在当时这项工作并未引起广泛的关注和重视。1970 年，剑桥大学 J. H. Conway 设计了一种计算机游戏——"生命游戏"（Game of Life）。"生命游戏"是具有产生动态图案和动态结构能力的元胞自动机模型，引起了众多科学家的兴趣，推动了元胞自动机研究迅速发展。

元胞自动机模型及基于"复杂源于简单"道理的复杂性科学，一直都是科学界研究的课题。其中，对其进行深入拓展研究的人是 Stephen Wolfram，他对初等元胞自动机的 256 种规则产生的所有模型进行了详细而深入的研究，他还用熵来描述其演化行为，把元胞自动机分为平稳型、周期型、混沌型和复杂型 4 类。他认为宇宙就是一个庞大的元胞自动机，J. H. Conway 的"生命游戏"只是众多二维元胞自动机中的一种，如果变换生存定律，可以创造出很多不同的"生命游戏"。此外，除一维、二维元胞自动机外，也可以有三维甚至更高维的元胞自动机。

作者认为 Stephen Wolfram 是当代数学和计算机科学领域的"钢铁侠"，他的名言是"万物之本是计算"。他开发了著名的 Mathematica 符号运算软件，开创了基于知识的搜索引擎：www.wolframalpha.com，与普通搜索引擎最大的区别是该搜索引擎返回的是"知识"而不是一些相关的链接。例如，搜索日本，就会返回日本这个国家的相关信息；搜索某个数字，就会返回关于这个数字的知识，如因数分解等各种性质。他在专著 *A New Kind of Science* 中，提出了"计算等价原理"，基本论点是：生命、意识都从计算中产生，宇宙就是一台元胞自动机。

近年来，随着复杂性研究的进展，作为探索复杂系统的有效工具之一，元胞自动机获得了深入的研究和广泛的应用。

3.1.2 元胞自动机的定义

标准元胞自动机是一个由"元胞空间、元胞状态集、邻域模型、状态更新规则"构成的四元组，用数学符号可以表示为：

$$A = (<L, d>, S, N, f)$$

其中，A 代表一个元胞自动机系统；L 表示元胞空间，d 表示元胞自动机内元胞空间的维数，是一个正整数，$<L, d>$ 构成了元胞空间；S 是元胞的有限离散状态集合；N 表示空间内所有元胞的集合；f 表示局部映射或局部规则。

根据元胞空间 L 的不同维数，可将元胞自动机分为一维、二维、高维元胞空间的元胞自动机。

邻域模型可以选择不同的拓扑结构和距离定义。在一维元胞自动机中，通常以半径 r 来确定邻域模型，距离某个元胞 r 内的所有元胞均被认为是该元胞的邻域模型。如图3.1所示，一维元胞自动机的 2 个邻域模型 $r=1$ 和 $r=2$，分别是 3 个格子和 5 个格子。

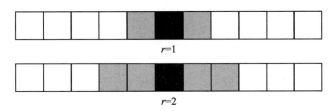

图3.1　一维元胞自动机的2个邻域模型

如图3.2所示，在二维元胞自动机中，通常有冯·诺依曼型、摩尔型和马哥勒斯型 3 种邻域模型。

（1）冯·诺依曼型（VonNeuman Neighborhoods），5 个格子。

（2）摩尔型（Moore Neighborhoods），9 个格子。

（3）马哥勒斯型（Margolus Neighborhoods），25 个格子，也是 $r=2$ 的摩尔型。

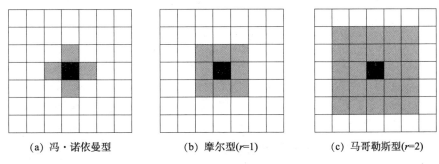

(a) 冯·诺依曼型　　(b) 摩尔型($r=1$)　　(c) 马哥勒斯型($r=2$)

图3.2　3种邻域模型

同样，也可以定义二维以上的高维元胞自动机的邻域模型。

从元胞自动机的定义可以看出，标准元胞自动机具有如下特征。

(1) 离散性：元胞自动机的空间、时间及状态都是离散的。

(2) 同质性：元胞空间中每个单元格可能具有相同的状态集合，并且决定各个元胞状态变化的规则也是相同的。

(3) 并行性：元胞空间中各个元胞按状态更新规则变化是同步进行的，特别适合并行计算，且各个元胞的状态变化是独立行为，互相之间没有任何影响。

(4) 局部性：一个元胞在 $t+1$ 时刻的状态，由其周围半径为 r 的邻域模型中的元胞的当前时刻 t 的状态决定，因此在时间和空间上都存在着局部性。

(5) 维数高：元胞自动机是一类无穷维动力系统。

3.2 初级元胞自动机

按照元胞自动机的定义，初级元胞自动机的基本要素有如下几点。

(1) 元胞空间：一维直线上等间距的点，或者可以是某区间上的整数点的集合。

(2) 元胞状态集：S = {s1，s2}，只有 2 种不同的状态。这 2 种不同的状态可将其分别编码为"0"和"1"。若用图形表示，可对应为"黑"与"白"。

(3) 邻域模型：取邻域模型半径 $r=1$，即每个元胞最多只有"左邻"和"右舍"2个邻域模型。

(4) 状态更新规则：3 位二进制到 1 位二进制的任意映射，共 256 种不同的规则。元胞以相邻的 2 个元胞为邻域模型。一个元胞的生死由其在该时刻本身的生死状态和周围 2 个邻域模型的状态确定。

将 256 种不同的规则进行编号，从 0 号规则到 255 号规则。76 号规则和 184 号规则如图 3.3 所示。

t	111	110	101	100	011	010	001	000
$t+1$	0	1	0	0	1	1	0	0

t	111	110	101	100	011	010	001	000
$t+1$	1	0	1	1	1	0	0	0

图 3.3　76 号规则（上图）和 184 号规则（下图）

初级元胞自动机是一维元胞自动机将一维直线分成一截、一截的线段。为了表示得更直观，可以用一条无限长的格点带来表示某个时刻的一维元胞空间，用格子的白色或黑色来表示每个元胞的"生"和"死"2 种状态。图 3.4 是 90 号初级元胞自动机的图示，既直观又漂亮。

Stephen Wolfram 在发表的一系列论文中，对一维元胞自动机的代数、几何、统计等性质做了系统且深入的研究和分类。他还特别对初级元胞自动机的规则 30（图 3.5 左图）和规则 110（图 3.5 右图）的有趣性质情有独钟。规则 30 之所以特别是因为它的混沌行为，如可以考查中心元胞的状态随时间演化所得到的二进制序列：(1, 1, 0, 1, 1, 1, 0, 0, 1, 1, 0, 0, 0, 1, …)，可以证明，这是一个无穷不循环的伪随机序列。规则 110 在随机的初始条件下,产生很多看起来在一定程度上"有序"但又永不重复的图案。规则 110 似乎揭示了无序中的有序,混沌之中包含着的丰富的内部结构,隐藏着更深层次的规律。Stephen Wolfram 的年轻助手库克后来证明,规则 110 等价于通用图灵机。

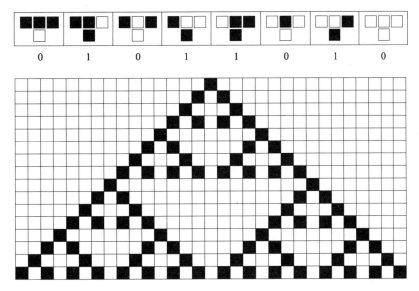

图 3.4　90 号初级元胞自动机的直观图示

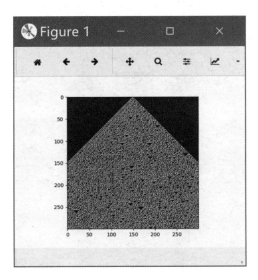 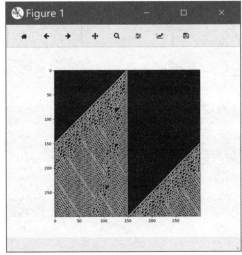

图 3.5　初级元胞自动机的规则 30(左图)和规则 110(右图)

运行代码清单 3.1 可以生成全部的初级元胞自动机规则形成的图案,其中变量 no 为初级元胞自动机的编号。主要的初级元胞自动机规则形成的图案如图 3.6 所示。

代码清单 3.1　初级元胞自动机模型

```
import numpy as np
import matplotlib.pyplot as plt
def gen_next(s,no):
```

(续)

```
        n = bin(no)
        n = n[2:].zfill(8)
        nl = len(s)
        k = s[(nl-1):] + s + s[0:1]
        r = []
        for i in range(1,nl+1):
            t = eval('0b' + ''.join(map(str,k[i-1:i+2])))
            r.append(n[7-t])
        return list(map(eval,r))
ar = np.ndarray(shape = (300,300),dtype = "bool")
no = 90
row = np.ndarray(shape = ar.shape[1],dtype = "int")
row[:] = 0
row[len(row)//2] = 1
for i in range(ar.shape[0]):
    ar[i,:] = row
    row = gen_next(row,no)
plt.figure(1)
plt.imshow(ar)
plt.show()
```

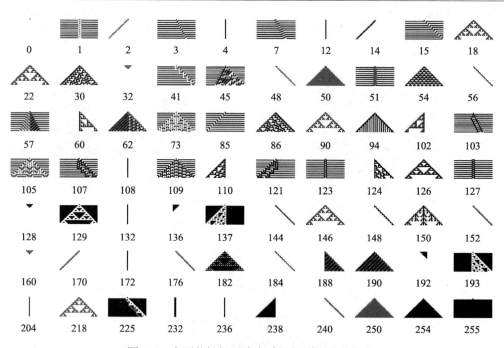

图 3.6 主要的初级元胞自动机规则形成的图案

有些初级元胞自动机，在演化中结构和模式永不重复。Stephen Wolfrarm 详细分析研究了一维元胞自动机的演化行为，并在大量的计算机实验的基础上，将所有元胞自动机的动力学行为归纳为以下 4 大类。

（1）平稳型：从某个初始状态开始，经过一定时间的运行后，元胞空间趋于一个空间平稳的构形，这里空间平稳是指每一个元胞处于固定状态，不再随时间变化而变化。

（2）周期型：经过一定时间的运行后，元胞空间趋于一系列简单的固定结构（Stable Patterns）或周期结构（Periodical Patterns）。由于这些结构可看作一种滤波器（Filter），故可应用到图像处理的研究中。

（3）混沌型：自初始状态开始，经过一定时间的运行后，元胞自动机表现出混沌的非周期行为，所生成的结构的统计特征不再变化，通常表现为分形分维特征。

（4）复杂型：出现复杂的局部结构，或者局部的混沌，其中有些模式会不断地传播。

上述分类分别对应以下的系统行为。

（1）均匀状态，即点态吸引子，或者称为不动点。

（2）简单的周期结构，即周期性吸引子，或者称为周期轨。

（3）混沌的非周期性模式，即混沌吸引子。

（4）复杂模式。

第 4 类行为可以与生命系统等复杂系统中的自组织现象相比拟，在传统系统中没有相对应的模式。从研究元胞自动机的角度讲，最具研究价值的就是第 4 类行为的元胞自动机。复杂性是最重要的特征，复杂性中包含有序的结构，并且结构具有演化特征，可以维持结构或演进到更复杂的结构。所以，寻找可以形成复杂性结构的元胞自动机是元胞自动机研究的一个热点。对于这样的元胞自动机应该具备哪些特点，如何从开始对元胞自动机进行筛选，如何检测和辨识复杂型元胞自动机等问题，都是很有必要的基础性研究工作。针对二维和三维元胞自动机，上述问题会更加复杂，很多问题有待深入研究。

对于初级元胞自动机的改造模型可以有很多，最常见的改造方法是改变元胞的状态数、邻域模型数和边界条件。边界条件包括循环、固定、顺延等。

例如，k 代表状态数，r 代表半径，一维元胞自动机模型共有型号 $k^{2^{2r+1}}$。当 $k = 2$、$r = 3$ 时，型号数量是：

2^{127} = 1340780792994259709957402499820584612747936582059239337772356144372176403007354697680187429816690342769003185818648605085375388281194656994633649006084096

这是一个天文数字。所以，对于一维元胞自动机的分类研究，Stephen Wolfrarm 的工作才刚刚开始，还有大量未知的、有趣的元胞自动机类型有待发现。

3.3 二维元胞自动机

标准元胞自动机包含"元胞空间、元胞状态集、邻域模型和状态更新规则"。最简单的二维元胞自动机的各参数分别是：

（1）元胞空间：二维；

（2）元胞状态集：2 个状态；

（3）邻域模型：采用 Von Neumann 邻域模型，有 4 个；

（4）状态更新规则：2^{32} 种。

基本的二维元胞自动机是每个元胞 2 个状态，即 $k = 2$；采用 Von Neumann 邻域模型，即 $r = 5$；状态更新规则为 2^{32} 种。

二维元胞自动机的空间拓扑结构与一维元胞自动机有本质差别，最基本的差别是二维元胞自动机的邻域模型结构更加丰富，邻域模型效应也更加复杂。我们以经典模型生命游戏为例说明二维元胞自动机的结构，本章第4节中的大量应用案例都是基于二维元胞自动机的。

生命游戏由英国数学家 J. H. Conway 于 1970 年提出。生命游戏事实上并不是通常意义上的"游戏"，它没有游戏玩家之间的竞争，也谈不上输赢，可以把它归类为"仿真游戏"。事实上，也是因为它模拟和显示的图像，看起来颇似生命的出生和繁衍过程，因此得名"生命游戏"。

生命游戏在一个类似围棋棋盘、可以无限延伸的二维方格网中进行。例如，设想每个方格中都可放置一个生命细胞，生命细胞只有2种状态："生"或"死"。图3.7是生命游戏的生死状态的定义：用黑色方格表示该细胞为"生"；空格表示该细胞为"死"。游戏开始时，每个细胞可以随机地（或给定地）被设定为"生"或"死"之一的某个状态，然后再根据某种规则（生存定律）计算下一代每个细胞的状态。一种比较典型的规则如下。

（1）如果一个单元原来状态是"生"，如果周边有2个或3个单元的状态为"生"，则下次迭代时状态不变，否则因为过度孤独或过度拥挤而"死"。

（2）如果一个单元原来状态是"死"，如果周边3个单元的状态为"生"，则下次迭代的状态为"生"，否则状态不变。

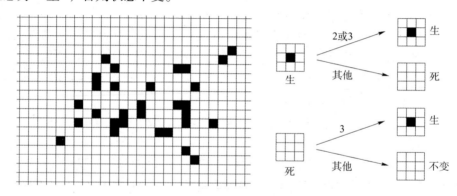

图 3.7　生命游戏的生死状态定义

运行代码清单3.2可以实现按上述参数设定的生命游戏模型，可以观察生命游戏的动态演化过程。

代码清单3.2　生命游戏

```
import sys, argparse
import numpy as np
import matplotlib.pyplot as plt
import matplotlib.animation as animation
from matplotlib.colors import ListedColormap
yeah = ('purple', 'yellow')
cmap = ListedColormap(yeah)
ON = 255
OFF = 0
vals = [ON, OFF]
def randomGrid(N):
```

```python
        return np.random.choice(vals, N*N, p=[0.2, 0.8]).reshape(N, N)
def addGlider(i, j, grid):
    glider = np.array([[0, 0, 255],[255, 0, 255],[0, 255, 255]])
    grid[i:i+3, j:j+3] = glider
def update(frameNum, img, grid, N):
    newGrid = grid.copy()
    for i in range(N):
        for j in range(N):
            total = int((grid[i, (j-1) % N] + grid[i, (j+1) % N] +
                        grid[(i-1) % N, j] + grid[(i+1) % N, j] +
                        grid[(i-1) % N, (j-1) % N] + grid[(i-1) % N, (j+1) % N] +
                        grid[(i+1) % N, (j-1) % N] + grid[
                            (i+1) % N, (j+1) % N]) / 255)
            if grid[i, j] == ON:
                if (total < 2) or (total > 3):
                    newGrid[i, j] = OFF
            else:
                if total == 3:
                    newGrid[i, j] = ON
    img.set_data(newGrid)
    grid[:] = newGrid[:]
    return img,
def main():
    parser = argparse.ArgumentParser(description="Runs Conway's Game of Life simulation.")
    parser.add_argument('--grid-size', dest='N', required=False)
    parser.add_argument('--mov-file', dest='movfile', required=False)
    parser.add_argument('--interval', dest='interval', required=False)
    parser.add_argument('--glider', action='store_true', required=False)
    parser.add_argument('--gosper', action='store_true', required=False)
    args = parser.parse_args()
    N = 100
    if args.N and int(args.N) > 8:
        N = int(args.N)
    updateInterval = 50
    if args.interval:
        updateInterval = int(args.interval)
    grid = np.array([])
    if args.glider:
        grid = np.zeros(N*N).reshape(N, N)
        addGlider(1, 1, grid)
    else:
        grid = randomGrid(N)
    fig, ax = plt.subplots(facecolor='pink')
    img = ax.imshow(grid, cmap=cmap,
```

```
                        interpolation = 'nearest')
        ani = animation.FuncAnimation(fig, update, fargs = (img, grid, N,), frames =10,
                                      interval =updateInterval,
                                      save_count =50)
        if args.movfile:
            ani.save(args.movfile, fps =30, extra_args =['-vcodec', 'libx264'])
        plt.show()
main()
```

图 3.8 是代码清单 3.2 生命游戏的动态演化过程，可以观察生命游戏状态随时间的演化。

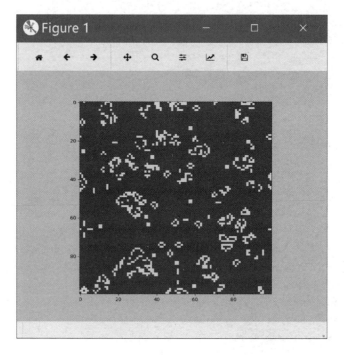

图 3.8　生命游戏的动态演化过程

在生命游戏中，会产生各种各样的模式。生命的存在本质就是一种模式，生命模式如何生成？如何稳定存在？如何在环境中复制演化？对于上述问题的研究，也许只能从观察模型的模拟开始。生命游戏演化到一定阶段就会出现各种意想不到的模式。"蜂窝""小区"和"小船"等属于静止型图案，如果没有外界干扰，则此类图案一旦出现后，便固定不再变化。而"闪光灯""癞蛤蟆"等几何图案在原地反复循环振动出现。如图 3.9 所示，右上角的"滑翔机"图案和"太空船"图案可归于运动类，它们会一边变换图形一边移动向前。

如果用生命游戏的程序随意地试验其他一些简单图案就会发现：某些图案经过若干代的演化之后，会成为静止、振动、运动中的一种，或者是它们的混合状态。J. H. Conway 当时设置了一个 50 美元的小奖金，给第一个能证明生命游戏中某种图形能无限制增长的人。这个问题很快就被麻省理工学院的计算机迷 Bill Gosper 解决了，这就是如图 3.9 所示的"滑翔机枪"图案的来源。在计算机上运行的情形是，一个个"滑翔机"永不停止地、绵绵不断地被"枪"发射出来。

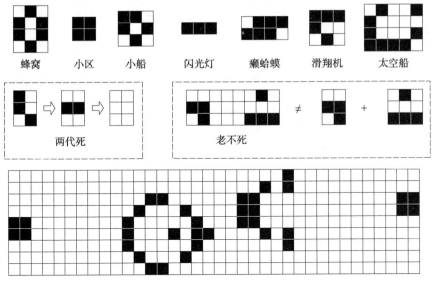

图 3.9 生命游戏演化到一定阶段出现的模式

3.4 元胞自动机应用案例

本节通过元胞自动机模拟大量的物理现象；通过建立虚拟的微观世界，赋予微观元胞规则来模拟物理规律，如气体扩散热力学、流体力学、波的转播、非平衡相变等；通过对事物形态生成机制的抽象，建立各种规则模拟事物的空间形态和行为，如表面生长模型的规则、概率元胞自动机规则、Q2R 规则、退火规则、HPP 规则、砂堆规则、蚂蚁规则、道路交通规则、固体运动规则等。

本节部分案例需要安装 PySCeS 才能运行，这些案例也是该软件包中的示例。PySCeS 是一个用于元胞自动机系统的 Python 模拟器，也是一个分析和研究元胞自动机系统的可扩展工具包。

3.4.1 格子气体模拟

HPP 模型是由 Hardy Pomeau 和 De Pazzis 的 2 篇论文引入的，分别发表于 1973 年和 1976 年，并用他们名字的首字母为该模型命名。该模型可作为气体和流体运动的简单模型。HPP 模型的演化规则如下：

（1）单个粒子沿固定方向移动，直到发生碰撞；

（2）如果 2 个粒子发生正面碰撞，则 2 个粒子的运动方向垂直偏转；

（3）如果 2 个粒子发生的不是正面碰撞，则 2 个粒子各自直接相互穿过并继续沿同一方向前进；

（4）当粒子与边缘碰撞时，反弹。

HPP 模型的迭代更新过程分为以下 2 个阶段。

1. 碰撞阶段

在此阶段中如果发生任何碰撞，则检查并应用上述规则（2）、（3）和（4）。这导致正面碰撞粒子改变方向，非正面碰撞粒子运动方向保持不变，或者非碰撞粒子运动方向保持不变。

2. 运动阶段

在此阶段，每个粒子沿着它们当前行进的方向移动一个格子，遵循HPP模型演化规则（1）。

代码清单3.3按照HPP模型演化规则模拟了格子气体。

代码清单3.3   格子气体模拟程序

```python
import numpy as np
import matplotlib.pyplot as plt
from matplotlib import animation
from matplotlib import colors
from random import randint
def item_collision(d):
    x=[0,0,0,0]
    if d[0]>d[2]:
        x[0]=d[0]-d[2]
        x[1]=d[2]
        x[3]=d[2]
    else:
        x[2]=d[2]-d[0]
        x[1]=d[0]
        x[3]=d[0]
    if d[1]>d[3]:
        x[1]+=d[1]-d[3]
        x[0]+=d[3]
        x[2]+=d[3]
    else:
        x[3]+=d[3]-d[1]
        x[0]+=d[1]
        x[2]+=d[1]
    return x
def item_propagate(s,up,rt,dn,lt):
    x=[0,0,0,0]
    if(up[0]==-1):
        x[2]=s[0]
    else:
        x[2]=up[2]
    if(rt[0]==-1):
        x[3]=s[1]
    else:
        x[3]=rt[3]
```

```python
            if(dn[0] == -1):
                x[0] = s[2]
            else:
                x[0] = dn[0]
            if(lt[0] == -1):
                x[1] = s[3]
            else:
                x[1] = lt[1]
            return x
        def set_wall(shp):
            ar = np.ndarray(shape = (shp[0] + 2, shp[1] + 2, 4), dtype = "int8")
            wall = [-1,0,0,8]
            for i in range(shp[1] +2):
                ar[0][i][:] = wall
                ar[shp[0]+1][i][:] = wall
            for i in range(shp[0] + 2):
                ar[i][0][:] = wall
                ar[i][shp[0]+1][:] = wall
            for i in range(1,shp[1] +1):
                for j in range(1, shp[1] +1):
                    ar[i][j][:] = [0,0,0,0]
            for i in range(1,shp[0] +1):
                ar[i][shp[1]//3][:] = wall
            x = shp[0]//2
            for j in range(x-5,x+6):
                ar[j][shp[1] // 3][:] = [0,0,0,0]
            return ar
        def init(ar,particles):
            for k in range(particles):
                x = randint(1, (shp[0] +1))
                y = randint(1,shp[1]//3 -2)
                ort = randint(0,3)
                ar[x][y][ort] += 1
        def evol(ar):
            arn = set_wall(shp)
            for i in range(1, shp[1] + 1):
                for j in range(1, shp[1] + 1):
                    if ar[i][j][0] == -1:
                        continue
                    ar[i][j][:] = item_collision(ar[i][j][:])
                    arn[i][j][:] = item_propagate(ar[i][j][:], ar[i-1][j][:],ar[i][j+1][:],ar[i+1][j][:],ar[i][j-1][:])
            return arn
        def toshow(ar):
            ar1 = np.ndarray(shape = (shp[0] + 2, shp[1] + 2), dtype = "int8")
```

(续)

```
            for i in range(shp[1]+2):
                for j in range(shp[1]+2):
                    ar1[i][j] = sum(ar[i][j])
        return ar1
particles =1000
shp = (100,100)
ar = set_wall(shp)
init(ar,particles)
colors_list = [(0.2,0,0), (0,0.5,0), (1,0,0), 'orange']
cmap = colors.ListedColormap(colors_list)
bounds = [0,1,2,3]
norm = colors.BoundaryNorm(bounds, cmap.N)
fig = plt.figure(figsize = (25, 6.25* 3))
ax = fig.add_subplot(111)
ax.set_axis_off()
im = ax.imshow(toshow(ar), cmap = cmap, norm = norm)#, interpolation = 'nearest')
def animate(i):
    im.set_data(toshow(animate.X))
    animate.X = evol(animate.X)
animate.X = ar
interval = 1
anim = animation.FuncAnimation(fig, animate, interval = interval)
plt.show()
```

图 3.10 是格子气体模拟的动态过程，可以看到格子气体被分隔在左侧空间的挡板内，格子气体做随机运动并经常会发生碰撞（深色像素）。挡板上有一个开口，当格子气体运动到该位置就扩散到右侧空间。随着时间的推移，越来越多的格子分子进入右侧空间，当这些分子运动到边缘与器壁发生碰撞时就会反弹，从而改变运动方向。程序的运行结果是一个动画过程。通过模型，可以量化研究许多热力学现象，如能量、温度、压力、体力等因素的相互影响。模型可以推广到三维空间，从而实现理想气体的建模和仿真。

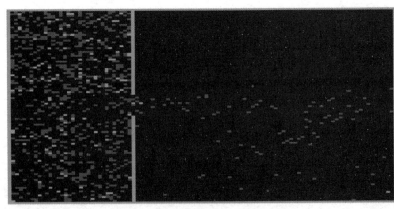

图 3.10 格子气体模拟的动态过程 扫码看彩图

3.4.2 表决与退火模型

很多人会根据周围人的意见做出自己的判断,以此建立表决模型的基本规则。表决模型的规则与微观结构中分子之间的动能传递非常类似,所以与退火现象也是一致的。模型的规则有如下两点。

(1) 初始状态是在正方形网格上随机分布了白点"○"和黑点"●",表示各自的意见是"同意"或"反对"。

(2) 演化规则是在最近邻、次近邻及其本身共9个网格点上,采用少数服从多数的规则来决定中心在下一时刻是"●"还是"○",即5个或5个以上是"●"则是"●",5个或5个以上是"○"则是"○"。

例如,初始状态中黑白比例各50%(双方实力相当),经过一段时间演化得到如图3.11所示图形,形成了一些比较细碎的领域。若起初黑点很少,则长时间后白区连成一片,黑区成为白色海洋中的一个个孤岛,反之亦然。这类模型可用来研究物质的热传导和渗漏现象。

如果把规则稍做修改,即改变原来的4票对5票,则会有很大变化。这与退火过程很相似,燃料的易燃性导致不同的表面张力引起不同的效果。模型的源代码如代码清单3.4所示,运行代码可以观察动态演化过程。

代码清单3.4的运行结果如图3.11所示,是表决与退火模型的动态演示。

代码清单3.4　表决与退火模型模拟程序

```python
import numpy as np
import matplotlib.pyplot as plt
from random import randint
ar = np.ndarray(shape = (300,300),dtype = "bool")
allpix = ((ar.shape[0]* ar.shape[1])//7)* 4
for i in range(allpix):
    ar[randint(0,299)][randint(0,299)] = True
def evol(ar):
    ar_rt = np.ndarray(shape = (ar.shape[0],ar.shape[1]),dtype = "bool")
    for m in range(ar.shape[0]):
        for n in range(ar.shape[1]):
            if m = = 0:
                m1 = m
            else:
                m1 = m - 1
            if m = = ar.shape[0] - 1:
                m2 = ar.shape[0] - 1
            else:
                m2 = m + 1
            if n = = 0:
                n1 = n
            else:
                n1 = n - 1
```

(续)

```
            if n == ar.shape[1] -1:
                n2 = ar.shape[1] -1
            else:
                n2 = n +1
            c =[ar[m1][n1],ar[m][n1],ar[m2][n1],ar[m1][n],ar[m][n],ar[m2][n],ar[m1][n2],ar[m][n2],ar[m2][n2]].count(True)
            if c >4:
                ar_rt[m][n] = True
            else:
                ar_rt[m][n] = False
    return ar_rt
rt = evol(ar)
fig = plt.figure(1)
for i in range(5):
    rt = evol(rt)
    plt.imshow(rt)
    fig.show()
    plt.pause(1)
```

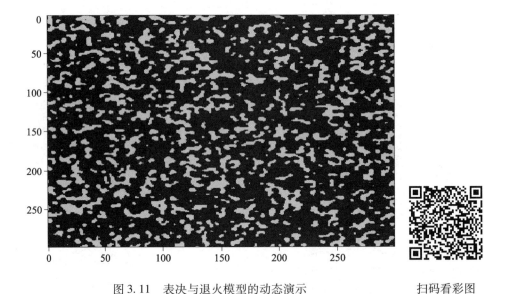

图 3.11　表决与退火模型的动态演示　　　　扫码看彩图

对这个模型进行如下改进处理，是否会出现如下问题？
（1）如果扩大表决范围，如半径增加到 2，每个区域会扩大吗？
（2）模型可以模拟人与人之间的价值观冲突，相同价值观的人群是否会聚集，少数派是否会抱团取暖？
（3）如果存在 k 种观点（$k>2$），情况又会如何？
读者可以就上述改进方案对模型进行进一步的研究。

3.4.3 森林火灾模型

简单的森林火灾模型被定义为一个二维元胞自动机,其元胞采用空状态、树状态、燃烧状态3种状态之一。二维元胞自动机根据以下规则演化,这些规则在每个元胞上同时执行。

(1) 如果一个元胞的8个相邻元胞中的任何一个正在燃烧,那么该元胞的状态就变成燃烧。

(2) 燃烧状态的元胞变成空状态的元胞。

(3) 一个树状态元胞以概率 f 变成燃烧状态(即使其相邻的元胞都不是燃烧状态),这一规则是模拟类似被闪电击中的情况。

(4) 空状态元胞以概率 p 变成树状态元胞,该规则模拟自然繁衍过程。

该模型作为一个展示具有自组织临界性的简单动态系统是十分有趣的。运行代码清单3.5可以实现上述模型,其中概率为 $p=0.05$,$f=0.001$。

代码清单3.5　森林火灾模型模拟程序

```python
import numpy as np
import matplotlib.pyplot as plt
from matplotlib import animation
from matplotlib import colors
neighbourhood = ((-1,-1),(-1,0),(-1,1),(0,-1),(0,1),(1,-1),(1,0),(1,1))
EMPTY, TREE, FIRE = 0, 1, 2
colors_list = [(0.2,0,0),(0,0.5,0),(1,0,0),'orange']
cmap = colors.ListedColormap(colors_list)
bounds = [0,1,2,3]
norm = colors.BoundaryNorm(bounds, cmap.N)
def iterate(X):
    X1 = np.zeros((ny, nx))
    for ix in range(1,nx-1):
        for iy in range(1,ny-1):
            if X[iy,ix] == EMPTY and np.random.random() <= p:
                X1[iy,ix] = TREE
            if X[iy,ix] == TREE:
                X1[iy,ix] = TREE
                for dx,dy in neighbourhood:
                    if X[iy+dy,ix+dx] == FIRE:
                        X1[iy,ix] = FIRE
                        break
                else:
                    if np.random.random() <= f:
                        X1[iy,ix] = FIRE
    return X1
forest_fraction = 0.2
p, f = 0.05, 0.001
nx, ny = 100, 100
```

（续）

```
X    = np.zeros((ny, nx))
X[1:ny-1, 1:nx-1] = np.random.randint(0, 2, size=(ny-2, nx-2))
X[1:ny-1, 1:nx-1] = np.random.random(size=(ny-2, nx-2)) < forest_fraction
fig = plt.figure(figsize=(25/3, 6.25))
ax = fig.add_subplot(111)
ax.set_axis_off()
im = ax.imshow(X, cmap=cmap, norm=norm) #, interpolation='nearest')
def animate(i):
    im.set_data(animate.X)
    animate.X = iterate(animate.X)
animate.X = X
interval = 100
anim = animation.FuncAnimation(fig, animate, interval=interval)
plt.show()
```

代码清单 3.5 的运行结果如图 3.12 所示，是森林火灾模拟截图。

图 3.12　森林火灾模拟截图

扫码看彩图

森林火灾模型具有如下几个启发。

（1）可以研究在不同参数下火灾发生的规模分布、森林的覆盖面积的波动等。

（2）过度的森林防火是否总是好的？其他类似的领域，如过度使用抗生素会导致怎样的后果？

（3）修改模型，可以研究多物种共生的情况，如研究森林火灾的规模和频次对维护物种的多样性的影响等。

3.4.4　DLA 模型

扩散限制凝聚（Diffusion-Limited Aggregation，DLA）模型，是由 Witten 和 Sander 于 1978 年共同提出的，其基本思想是：首先置一初始粒子作为种子，在远离种子的任意位置随机产生一个粒子使其做无规行走，直至与种子接触，成为集团的一部分；然后再随机产生一个粒子，重复上述过程，这样就可以得到足够大的 DLA 团簇（Cluster）。创始人之一 Sander 总结研究 DLA 模型具有如下意义。

（1）模型用极其简单的算法抓住了广泛的自然现象的关键成分，却没有明确的物理机制。

（2）通过简单的运动学和动力学过程，就可以产生具有标度不变性的自相似的分形结构，从而建立分形理论和实验观察之间的桥梁，在一定程度上揭示出实际体系中分形生长的机理。

（3）界面具有复杂的形状和不稳定的性质，生长过程是一个远离平衡的动力学过程，但集团的结构却有稳定且确定的分形维数。

在社会现象中也普遍存在 DLA 模型，最典型的是人类聚居地的形成和发展，有人用 DLA 模型研究这类问题。代码清单 3.6 中的代码取自 PyCX 软件包，需要在 Python 2.7 环境中运行，依赖 pycxsimulator.py 函数。代码清单 3.6 的运行结果如图 3.13 所示，是一个动态截图。

代码清单 3.6　DLA 模型模拟程序

```python
import matplotlib
matplotlib.use('TkAgg')
import pylab as PL
import random as RD
RD.seed()
width = 100
height = 100
populationSize = 1000
noiseLevel = 1
collisionDistance = 2
CDsquared = collisionDistance ** 2
toBeRemoved = -1
def init():
    global time, free, fixed
    time = 0
    free = []
    for i in xrange(populationSize - 1):
        free.append([RD.uniform(0, width), RD.uniform(0, height)])
    fixed = []
    fixed.append([width / 2, height / 2])
def draw():
    PL.cla()
    if free != []:
        x = [ag[0] for ag in free]
        y = [ag[1] for ag in free]
        PL.scatter(x, y, color = 'cyan')
    if fixed != []:
        PL.hold(True)
        x = [ag[0] for ag in fixed]
        y = [ag[1] for ag in fixed]
```

```
            PL.scatter(x, y, color = 'blue')
            PL.hold(False)
    PL.axis('scaled')
    PL.axis([0, width, 0, height])
    PL.title('t = ' + str(time))
def clip(a, amin, amax):
    if a < amin: return amin
    elif a > amax: return amax
    else: return a
def step():
    global time, free, fixed
    time += 1
    # simulate random motion
    for ag in free:
        ag[0] += RD.gauss(0, noiseLevel)
        ag[1] += RD.gauss(0, noiseLevel)
        ag[0] = clip(ag[0], 0, width)
        ag[1] = clip(ag[1], 0, height)
    # detect collision and change state
    for i in xrange(len(free)):
        for j in xrange(len(fixed)):
            if (free[i][0] - fixed[j][0])**2 + (free[i][1] - fixed[j][1])**2 < CDsquared:
                fixed.append(free[i])
                free[i] = toBeRemoved
                break
    while toBeRemoved in free:
        free.remove(toBeRemoved)
import pycxsimulator
pycxsimulator.GUI().start(func=[init,draw,step])
```

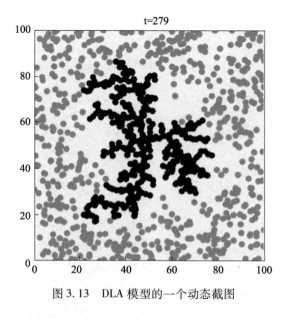

图 3.13　DLA 模型的一个动态截图

扫码看彩图

上述模型使用的初始粒子是中心位置的一个点。如果改变粒子的初始形态结构,如线段、三角、圆形等,则可形成各种生长图案。如果粒子的大小各不相同,也会对演化图案产生很多意想不到的结果。读者可进行相关的模拟实验。

3.4.5 激发介质中的非线性波模型

激发介质中的非线性波(Waves In Excitable Media)模型,可以模拟细胞之间的生物信号传递、消息传播等。通常是二维 3 状态 4 邻域模型元胞自动机,在初始状态 $t=0$,所有元胞的状态是任意的,随时间推移,每个元胞的状态由以下规则确定。

(1) 如果元胞在时刻 t 处于激发状态,则它在时刻 $t+1$ 处于耐火状态。

(2) 如果元胞在时刻 t 处于耐火状态,则它在时刻 $t+1$ 处于静止状态。

(3) 如果给定的元胞在时刻 t 处于静止状态且其至少一个邻域模型在时刻 t 处于激发状态,则给定的元胞在时刻 $t+1$ 处于激发状态;如果没有邻域模型在时刻 t 激发它,则它在时刻 $t+1$ 保持静止状态。

以这种方式,整个网格从它们在 $t=0$ 的初始状态演进到它们在 $t=1$ 的状态,然后到达它们在 $t=2$、3、4 的状态,依次产生下一个状态的元胞模式。代码清单 3.7 中的代码取自 PyCX 软件包,需要在 Python 2.7 中环境运行,依赖 pycxsimulator.py 函数。图 3.14 为激发介质中的非线性波模拟的动态截图。

代码清单 3.7 激发介质中的非线性波模拟程序

```
import matplotlib
matplotlib.use('TkAgg')
import pylab as PL
import random as RD
import scipy as SP
RD.seed()
width = 50
height = 50
initProb = 0.1
maxState = 6
def init():
    global time, config, nextConfig
    time = 0
    config = SP.zeros([height, width])
    for x in xrange(width):
        for y in xrange(height):
            if RD.random() < initProb:
                state = maxState
            else:
                state = 0
            config[y, x] = state
    nextConfig = SP.zeros([height, width])
def draw():
```

```
        PL.cla()
        PL.pcolor(config, vmin = 0, vmax = maxState, cmap = PL.cm.binary)
        PL.axis('image')
        PL.title('t = ' + str(time))
    def step():
        global time, config, nextConfig
        time + = 1
        for x in xrange(width):
            for y in xrange(height):
                state = config[y, x]
                if state = = 0:
                    num = 0
                    for dx in xrange(-1, 2):
                        for dy in xrange(-1, 2):
                            if config[(y + dy) % height, (x + dx) % width] = = maxState:
                                num + = 1
                    if RD.random() * 3 < num:
                        state = maxState
                    else:
                        state = 0
                else:
                    state - = 1
                nextConfig[y, x] = state
        config, nextConfig = nextConfig, config
    import pycxsimulator
    pycxsimulator.GUI().start(func = [init, draw, step])
```

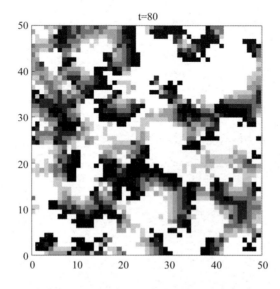

图 3.14 激发介质中的非线性波模拟的动态截图

3.5 元胞自动机的应用现状

元胞自动机已被广泛地应用于社会学、生物学、计算机科学、物理学、军事科学及管理学等领域。

（1）在社会学中，元胞自动机用于研究政治组织的涌现、个人行为的社会性、流言的传播等。

（2）在生物学中，元胞自动机用于肿瘤细胞的增长机理和过程模拟、人类大脑的机理探索、艾滋病病毒的感染过程、自组织和自繁殖等生命现象的研究，以及克隆技术的研究。

（3）在计算机科学中，元胞自动机被视为并行计算机，而用于并行计算的研究。

（4）在物理学中，除格子气体元胞自动机在流体力学上的成功应用外，元胞自动机还应用于磁场、电场等场模拟，以及热扩散、热传导和机械波的模拟。

（5）在军事科学中，元胞自动机用于模拟军事作战，理解战争过程。

（6）在管理学领域中，国内外学者开始应用元胞自动机来解释分析各种管理现象，对各种管理现象进行演化模拟。在管理学领域的应用主要包括以下几方面。

①寡头垄断行为：完全竞争行为下寡头垄断公司的价格策略，元胞自动机的演化方式是群体博弈规则。

②交通管理及工程：交通系统及工程运输问题模拟，点阵由性质不同的两类格点组成，研究多种因素对城市交通的影响。

③城市扩展：城市扩展动态过程模拟，综合考虑多种因素的影响，元胞状态转换规则比较全面。

④市场营销：市场模拟，连带外部效应市场的演变行为，模型中引入动态转换概率，赋予元胞记忆能力。

⑤股票投资：股票市场投资行为演化，投资者从众心理与市场复杂性的关系，使用二维元胞状态空间，考虑了多种因素及状态转换概率。

⑥企业战略：企业战略决策的演化博弈，建立适应度函数反馈影响元胞状态的改变，使元胞状态具有自治性。

3.6 元胞自动机的优势与不足

从复杂系统的研究不难看出，应用元胞自动机方法对复杂系统进行描述具有以下优势。

（1）元胞自动机方法是立足于复杂系统的特征去模拟和描述复杂性的，因而更具有针对性、典型性和准确性。元胞自动机方法的基本出发点有以下3个方面。

①复杂系统是由许多基本单元组成的。

②每个基本单元的状态为有限的几种。

③每个基本单元的状态随时间的演化，只取决于相邻单元的状态。

（2）元胞自动机采用典型的"自下而上"的建模方法，符合复杂系统的形成规律，是大多数复杂系统研究采用的思维方式,也是复杂科学所倡导的复杂性研究方法。

(3) 元胞自动机的离散性使许多复杂问题得以简化,其统计测度也很容易计算,易于完成从概念模型到计算机物理模型的转变。

(4) 元胞自动机方法是用元胞作为基本单元描述复杂系统的整体行为,演化的规则可以预设,许多过程可以通过计算机来完成,所以具有直观性及可控性。

(5) 元胞自动机方法可以使微观层面上决策和机制如何产生一定的动态宏观效果的过程更加明晰和易于掌握。

(6) 元胞自动机方法以新的设定表征了复杂系统的"确定性中的内在随机性",即应用元胞的设定和确定的规则最终使系统产生随机结果;在加入一定的随机项之后又使系统产生确定性结果,体现了随机性与确定性两者结合的非线性系统的基本特征。

(7) 元胞自动机中的状态更新规则不依赖于数学函数,甚至用语言简单描述即可达到相同目的,因此元胞自动机模型的表达更为直观、简单。

(8) 元胞自动机具有应用的广泛性、灵活性和开放性。元胞自动机不是一种数理方程,而是一种方法框架。

①各领域的学者通过扩展元胞自动机的组成构件,提出和建立适合专题现象的扩展模式。

②元胞自动机允许建模者在模型框架下,用各领域的专业规律构建状态更新规则,灵活地结合已有的相关专业模型,使得元胞自动机具有应用的广泛性、灵活性和开放性。

标准元胞自动机模型也存在一些缺陷和不足。

(1) 元胞的形态。在标准元胞自动机中,元胞具备规则一致的形状,有规律地在元胞空间中排列。但是在现实世界中很少有如此规则的状态。

(2) 元胞空间的几何形状。在标准元胞自动机中,二维元胞空间可按照三角形、四边形、六边形等几种网格排列:三角形网格的缺点是在计算机显示与表达上较为困难,须转变成四边形网格;四边形网格的缺点是不能较好地模拟各向同性现象;六边形网格能较好地模拟各向同性现象,模型更加自然而真实,但是在表达和显示上较为困难和复杂。

(3) 元胞状态更新规则的确定。

①在标准元胞自动机的状态更新规则中的因素过于单一。元胞状态变化仅取决于邻域模型的状态组合,因此状态变量既是自变量又是因变量。而实际上,一个系统的行为不仅取决于局部的相互作用,还有很多因素可以影响系统的行为。局部规则不能有效反映宏观作用,系统行为不仅取决于内在的局部环境,还会受整体环境的影响。

②在实际复杂系统中,系统元素的行为往往是随机的,表现出某种倾向性和可能性。状态更新规则的定义较难,合理的状态更新规则是元胞自动机模型效果的关键。建立状态更新规则需要在抽象的元胞空间中定义发生在元胞邻域内的局部相互作用。这个局部规则与宏观规律既有联系又有区别,其定义又是靠直觉和经验,因而找到与实际规律相符的映射函数难度相当大。设计不合理的状态更新规则会产生一些人为制造的错误后果。

值得注意的是,以上标准元胞自动机的不足目前已经逐步得到改进,因此元胞自动机应用模型大多数已不再是标准元胞自动机模型。但对于标准元胞自动机的改进还有待进一步提高,以提高元胞自动机对现实世界的模拟和应用能力。

3.7 三维元胞自动机

真实的物理世界就是一个三维元胞自动机，其中的元胞可以是分子、原子、基本粒子、电磁波等。按照公式，假定每个元胞只与相邻元胞之间发生相互作用，再假定每个元胞的邻域模型是 8 个（上下左右前后），三维元胞自动机的类别数量是 $k^{2^{27}}$，其中 k 为元胞的状态数。当假设只有黑白 2 个状态，最简单的初级三维元胞自动机的个数是：$2^{2^{27}} = 10\hat{}(10\hat{}7.76129696235)$。这个数字是 1 后面七千多万个 0，这是一个天文数字。如果按照初级二维元胞自动机的研究方法去研究初级三维元胞自动机显然是不可行。目前，我们对初级三维元胞自动机的性质和分类还所知甚少。这里提供几个深入研究二维、三维元胞自动机，基于的 Python 代码的优秀资源。

（1）https://sourceforge.net/projects/golly/.

一个集成二维、三维元胞自动机项目，包括大量案例，可以自由设定参数进行演绎。

（2）https://softologyblog.wordpress.com/2012/05/14/3d-cellular-automata/.

Softology 的博客，研究分形、元胞自动机、混沌、空间复杂性等专题。

（3）https://sourceforge.net/directory/?clear&q=3d+cellular+automata+python.

Source Forge 网站上一个优秀的三维元胞自动机模拟程序，Python 源代码。

第 4 章

多主体模型

建模的一个目的是揭示复杂现象背后的简单规律,好的模型可以用最简单的规则演绎出复杂的行为,多主体建模就是基于这一理念的探索与实践。

4.1 Agent 的基本概念

4.1.1 什么是 Agent

Agent,中文翻译为"智能体"。Marvin Minsky 在其 1986 年出版的《心智社会》一书中提出了 Agent 的概念,并迅速成为研究热点。Marvin Minsky 认为社会中的某些个体经过协商之后可求解问题,这些具有社会交互性和智能性的个体就是 Agent。Agent 概念很快被引入人工智能和计算机领域。

意识是一个怎样的物理过程?大脑思维究竟是如何进行的?人与人之间在心智上的差别又是如何产生的?这些问题长期困惑着人类,探索物质和意识的关系,探寻思维的奥秘,是"心智社会"研究的主要问题,这些问题也是发展人工智能的障碍。

以下是《心智社会》一书的主要论点(https://book.douban.com/review/8364512/)。

人工智能之父、图灵奖得主 Marvin Minsky 就心智社会问题的集中探讨,以及对科学和人性的解读,阐释了人类思维这个复杂的过程对于研究人工智能和塑造最高级的"心智社会"的关键作用。在他看来,"大脑不过是肉做的机器",大脑中的大量不具备思维的微小单元,组成了各种思维——意识、精神活动、常识、思维、智能、自我,最终形成"统一的智慧",而这种智能组合就是"心智社会"。综上所述,智慧从愚笨中来,没有心智社会就没有智能。

正如作者在引言中慨叹的那样,我们似乎不能也没必要做出各种线性解释,或者找到一种顺序整齐的原则作为理论基础,因为或许思维的本质就是源于那些智能体之间复杂的交错关联。

1. 思维与脑

思维的本质是什么?是物质,是意识,还是介于物质和意识之间的不可捉摸的存在?反过来说,脑的本质又是什么?是承载思维的物质载体,还是参与思维运作的能量来源?思维与脑的关系究竟又是什么?一方面,我们从不认为思想是通过物质传承的,也不认为每一种物质都能思考;另一方面,如果思想不是通过物质传承的那又是通过什么呢?如果物质的某一部分是缺乏思想的，应该是哪一部分呢？细胞的繁殖和遗传密码的复制，似乎与思维的运作方式中"智能体"发挥的基础作用类似，正是从那些最简单的事物中我们了解到最复杂的知识。以"积木的世界"为例，智能组分解成小程序式的智能体来完成一个又一个具体的小动作，而这里所说的智能体并不是具备智能的更小的"智能组"，而是不具备智能的简单逻辑结构。

然而，仅仅解释每个单独的智能体能做什么是不够的，我们首先必须知道每个单独的组件如何工作，其次必须知道每个组件与和它相联系的其他组件之间是如何互动的，最后必须理解所有这些局部的互动是如何联系在一起来完成整个系统任务的；否则就会落入循环论证的陷阱。

2. 冲突与妥协

在从智能体到智能组的构建过程中，出现了冲突怎么办？冲突无法妥协又怎么办？简而言之，关于选择之间的冲突的解决机制，智能体和由智能体构成的智能组又有什么好的设计和对策呢？

Marvin Minsky 提出了无法妥协定理（The Principle of Non Compromise），智能体之间的冲突有向上级移动的倾向；当思维内部发生了冲突且冲突无法妥协的时候，思维中等级分明的官僚机构（Bureaucracy）就会发生作用，尽管在智能组中智能体无须关注最终的结果，只要关注与其相关的某些智能体在干什么就可以了。而对于那些无法通过向更高级求助而解决冲突的交叉相连的闭环和循环结构而言，尽管破坏行为本身也许让外部变得乱糟糟，却在内部减少了需要解决的问题及其时间，也是在为建设性目标服务。

3. 意识与内省

意识到底是一个怎样的过程？比这个问题更亟待回答的问题是，我们又究竟是如何意识到自己有意识的？

在每个正常人的思维中，似乎都有一些我们称为意识的程序，通常被认为能让我们知道自身内部正在发生什么。但实际上，我们能意识到的思维很少能告诉我们它们是怎么来的，充其量只不过是一些被命名为"信号"的行为——这些行为所产生的结果并不是它们的固有属性，只是分配给它们的结果而已。在这个意义上，我们有意识的思维利用信号来驱动我们思维中的发动机以控制无数的程序，而这些程序很少为我们所意识到。更多地，只是通过某种形式的类比，以及信号、符号、单词和名称的使用来完成这一认知过程——由已知得可知，由可知解未知。

我们又究竟是如何意识到自己有意识的呢？Marvin Minsky 提出的 B-脑理论似乎为这一困惑找到了解答。通过把脑划分成 A 和 B 两个部分，我们或许可以让思维观察自身并记录所发生的事。A 的输入和输出与真实的世界相连，用于感知那里发生的事；B 不能与外部世界有任何联系，只让它与 A 相连，而 A 就是它的全部世界。这样两个部分的安排有助于形成一个"反思的"意识社会。B 可以对 A 进行实验，就像 A 可以对身体或对周围的人和事物进行实验一样。A 可以试着预测和控制外部世界，B 则可以试着去预测和控制 A 将会做什么。尽管如此，我们的许多思维仍然隐藏在意识之外，而且改变思维中的一个组件去影响其他的组件也总是会存在一定的延时。

4. 记忆理论

记忆是如何产生的？记忆又是如何被储存和调用的？Marvin Minsky 的"记忆理论"提出了一种称为"知识线"（Knowledge-Line）或"K 线"的记忆理论。

K 线是一种线状结构，我们把学到的东西放在离首先学会它的智能体最近的地方以便将知识容易地提取和使用；每当我们解决了一个问题或有一个好主意的时候，它就会与被激活的智能体相联结。之后，当我们激活 K 线的时候，与它相联结的智能体就会被唤醒，让你进入一种与之前解决问题或获得那个好主意时非常相似的"思维状态"，并用哲学思想碎片来重新填充你的思维。这样在解决新的、相似的问题时就会相对容易一些。换言之，我们是通过列出参与了某个思维获得的智能体来"记住"所思考的内容的。

此外，记忆的迁移能力和重现过程，是通过"水平带"的作用将新的 K 线与最近活动着的旧 K 线联结在一起。这样，不仅是用一条新的 K 线与最近在思维中活动着的所有智能体更加经济地联结在一起，而且它所形成的记忆是更有组织的、更富层级结构的知识树。

5. "派珀特原则"与"更社会化"

儿童是如何最终获得成人的世界观并进而理解"更社会化"的思维框架的？

一个最简单的回答就是在"无法妥协定理"的基础上，儿童比较不同空间维度智能体的价值，通过对各种智能体进行优先权排序以适应社会环境，并在"更社会化"中增加了新的"管理智能体"。在这一点上，皮亚杰实验中强调的"需要发展更好的方法来使用已经拥有的知识"，也恰恰回应了"派珀特原则"的基本结论——思维发展中最重要的一些步骤不仅需要获得新的知识，还需要获得新的管理方式来运用已有的知识。

6. 学习意义与逻辑推理

到底什么是学习呢？学习的意义又体现在什么方面？Marvin Minsky 给"学习"下了一个定义，即在我们思维的运作过程中做一些有用的改变。具体而言，学习应当包括对于统一框架的探寻，对于结构形式和功能内容等不同环境中学到的内容融合在一起的方式，日积月累的坚持和策略，以及对于不统一的问题或例外原则的关注。

尽管如此，与一般思维相比逻辑推理没有中间地带而只有存在或不存在，所以逻辑推理不会有任何"薄弱环节"并因此而满足完备性假设。它很少能帮助我们获得新的理念，却常常能帮助我们检测到旧理念中的薄弱环节并把混乱的网络整理成简单的链条。

7. 词汇和理念

语言绝非仅仅是我们与他人沟通理念的媒介，而且是我们形成所有抽象概念的工具。尽管语言本身不是我们思维的物质基础且没有意义，但它会在我们的思维中建立事物进而控制并改变其他智能体的工作，并借由这种工具改变和表达理念。然而，我们有时会用词汇来思考，有时却不会。从另一个角度来说，语言只是思维的一部分，用语言思考只能揭示思维活动中的一块碎片而已。

我们借鉴人工智能之父 Marvin Minsky 提出的 Agent 概念和主要内涵，本章将介绍

Agent 系统的模型与仿真，具体介绍 Agent 分类，Agent 系统，多 Agent 系统的分类、特征、模拟和仿真。

4.1.2 Agent 的特征、分类和环境

1. Agent 的特征

Agent 是一个存在于环境之中且能够与环境互动的主体。通常 Agent 具有传感器和执行器，传感器感知环境信号，执行器产生对外部环境的影响。Agent 内部处理信号的过程是一个决策黑箱，一般情况我们只是观察 Agent 在环境中的行为。广义的 Agent 包括人类、物理世界的机器人和信息世界的软件机器人。狭义的 Agent 专指信息世界的软件机器人，或者称为软件 Agent。

如图 4.1 所示，Agent 通过 Sensors 感知其环境并通过 Actuators 在此环境中做出行动。例如，一个人，Sensors 是眼睛、耳朵和其他感受器官，Actuators 是手、腿、声道等；机器人 Agent，Sensors 是摄像头、红外线传感器，Actuators 是各种马达。

我们用术语感知（Percepts）表示 Agent 在任何时候感知到的输入信息。而感知序列（Percept Sequence）是 Agent 感知到的所有内容的完整历史。Agent 行动的依据是到当前为止感知到的完整的感知序列，而不是任何没有感知到的东西。Agent 的行动通过 Agent 功能函数描述，功能函数是将感知序列映射到行动上的函数。我们可以把描述任何一个 Agent 的功能函

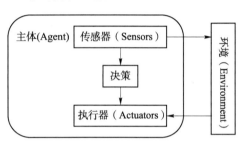

图 4.1 Agent 的感知器与环境之间的关系

数想象成一张表，一列表示 Agent 的感知序列，另一列表示需要做出的相应行动。如果我们不定义边界，这张表是可以无限大的，因为 Agent 可以感知的东西有太多可能性。而如果 Agent 对感知序列的行动是随机的，那么我们可以对每个感知序列实验多次，来查看每一种行动的概率。随机行动看起来很蠢，但实际上是可以做到很智能的。

在内部，用于某个 Agent 的功能函数是用一段程序（Agent Program）实现的。要区分这两个概念：功能函数是抽象的数学描述，而 Agent Program 是具体实现。

从上述对 Agent 的描述中，我们容易想到 Agent 是一种人工智能系统。其实不然，Agent 可以是一个 AI 系统，但这不是必需的。Wooldrige 所著的 *Intelligent Agents: Theory and Practice*（参考文献 17）一书中，描述 Agent 是具有以下特性的主体。

（1）自主性（自治性）。Agent 具有属于其自身的计算资源和内在独立的行为控制机制，能够在没有外界直接操纵的情况下，根据其内部状态和感知到的环境信息，决定和控制自身的行为。例如，计算机系统中的 Agent 就是独立运行在被管理单元上的自主进程。在社会系统中，每个个人、组织、企业都可以是 Agent。

（2）交互性（社会性）。Agent 能够与其他 Agent，用 Agent 通信语言实施灵活多样的交互，能够有效地与其他 Agent 协同工作。例如，一个 Internet 上的用户需要使用 Agent 通信语言主动向服务 Agent 陈述需求。

(3) 反应性。Agent 能够感知所处的环境（可能是物理世界、操纵图形界面的用户，或者其他 Agent 等），并对相关事件做出适时反应。例如，一个模拟飞机的 Agent 能够对用户的操纵做出适时反应。

(4) 主动性（能动性）。Agent 能够遵循承诺采取主动行动，表现出目标驱动的行为。例如，一个 Internet 上的主动服务 Agent，在获得新的信息之后能够按照约定主动将其提交给需要的用户；一个工作流管理 Agent，能够按照约定将最新的工作进展情况主动通报给有关的工作站。

对于基于计算机的 Agent 模型来讲，具有上述特性的计算实体，如类进程（或线程）、计算机系统、仿真器、机器人等都是系统中的 Agent。在生态系统中，任何与环境独立交互的实体都是 Agent，如动植物个体、物种或环境本身。

在上述 4 个特性中，前 3 个特性是基本的。人们也称具有上述前 3 个特性的计算实体为反应式 Agent。具有主动性的 Agent 可以很复杂，如要求 Agent 具有知识、信念、意图等认知特性，通常需要人工智能技术来实现。设计 Agent 的结构和能力可以非常简单，也可以十分复杂。其复杂程度是根据模型系统的需求来定的。

2. Agent 的分类

Agent 的分类方法有以下几种。

1) 按行为分类

Agent 按行为分类可以分为简单反应式 Agent、内置状态反应式 Agent、效用驱动的 Agent 和目标驱动的 Agent。

(1) 简单反应式 Agent。

如图 4.2 所示，简单反应式 Agent 的内部结构非常简单，传感器感知环境信息，内部保存一个"当前内部状态"，以及一个"条件动作规则"反应逻辑。根据反应逻辑决定对外部环境采取的动作，由执行器完成动作。Agent 采取的动作只与当前内部状态有关，与历史无关。

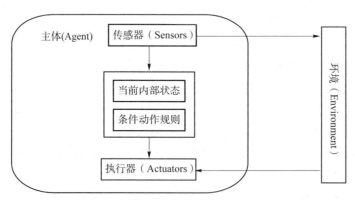

图 4.2 简单反应式 Agent

(2) 内置状态反应式 Agent。

如图 4.3 所示，内置状态反应式 Agent 是在简单反应式 Agent 基础上增加了内置状态，内置状态中可以存储历史状态、规律和历史动作等，这些作为 Agent 采取下一个动作的决策依据。因此，相比简单反应式 Agent，内置状态反应式 Agent 可以实现更加复杂的功能。

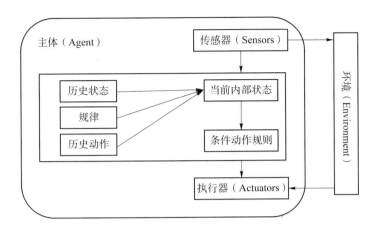

图 4.3　内置状态反应式 Agent

（3）效用驱动的 Agent。

如图 4.4 所示，效用驱动的 Agent 的决策依据不再是简单的"条件动作规则"，而是"效用"最大化。Agent 决定采取行动的依据是如何使 Agent 在环境中获得最大效用（当前的或未来某时期的）。效用的定义及与环境和动作的对应关系，由具体问题而定。

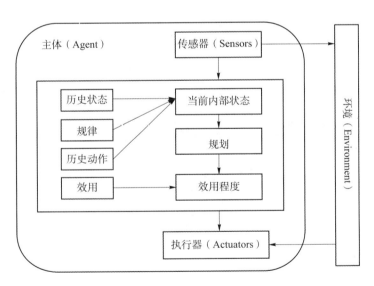

图 4.4　效用驱动的 Agent

（4）目标驱动的 Agent。

如图 4.5 所示，目标驱动的 Agent 的决策依据不再是简单的"条件动作规则"，而是"目标"驱动。依据当前状态与目标状态之间的"距离"，Agent 决定采取怎样的动作尽快达到目标。可以通过各种统计算法或人工智能学习算法实现目标驱动功能。

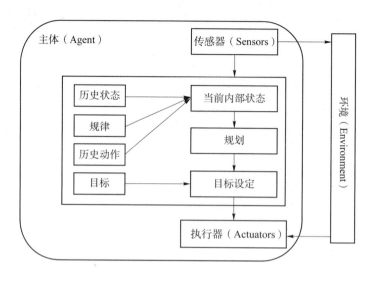

图 4.5 目标驱动的 Agent

2)按功能结构分类

Agent 按功能结构分类可以分为思考式 Agent、反应式 Agent 和混合式 Agent。

(1)思考式 Agent。

思考式 Agent 将 Agent 看作是一种意识系统或一种特殊的知识系统,即通过符号 AI 的方法来实现 Agent 的表示和推理。思考式 Agent 的结构直接反映了 Agent 作为意识系统的理性本质,是支撑 Agent 进行行为推理、思维判断等意识活动的关键,也是构造各类复合型 Agent 个体的基础。选择什么样的意识模型是构造思考式 Agent 首先要考虑的问题。根据 Agent 理性的不同实现方式,有以下 3 种典型的思考式 Agent 结构。

①基于经典逻辑的 Agent 结构。基于经典逻辑的 Agent 以经典逻辑公式表述 Agent 的状态和行为,在一定的推理规则下演绎、推理、描述 Agent 的思维决策过程,将推理求得的结果作为输出动作。由于经典逻辑具有严密的语法和直观、简洁的语义,因此基于经典逻辑的 Agent 结构也相应地具有这些优点。但由于经典逻辑本身的局限性,使得问题复杂度增加的同时,推理过程的计算复杂度也呈指数上升,因此在很多情况下失去了实用价值。另外,经典逻辑的表达能力有限,对复杂环境状态难以建立相应的逻辑表达式,更难以表示信念、意愿等反映思维意识的概念。

②基于 BDI 模型的 Agent 结构。BDI 模型是思考式 Agent 结构的典型代表,反映了人们为了实现一定的目标而采取一系列行动的过程,具有深刻的认知心理学和哲学基础。BDI 模型是由信念、愿望和意图 3 个基本概念构成的。信念是 Agent 所掌握的关于当前世界状况及为达到某种效果可能采取的行为路线的估计,表示 Agent 对环境和自身的了解。愿望描述了 Agent 对未来实际状况及可能采取的行为路线的喜好,Agent 可以是不相容的,也允许存在不可达的愿望,其中相容且可达的部分构成目标集。由于资源的有限性,A-gent 不可能一次追求所有的目标,它选择目标的一部分做出反映,从而形成意图。同时,BDI 模型存在以下的问题。

A. 通过逻辑描述的方法表达信念、愿望、意图等反映思维状态的概念,并合理完成相应的推理转化,还有很大的困难。

B. BDI 实际上可以说是个体 Agent 思维属性，描述 Agent 之间的社会层面的交互还存在一定的局限性。如何与 MAS（多 Agent 系统）中的协调、合作、协商、组织规范等宏观理论结合，人们已认识到将诸如联合意图、集体承诺等群体概念直接归结为个体思维属性的组合做法的缺陷，提出要使 Agent 具有社会层面的思维属性，但在实用化方面仍然有很多困难。

③基于决策理论的 Agent 结构。Agent 观察外部环境，然后通过自身的预测、思考或规则匹配，最后输出行为的过程可以看作是 Agent 求解问题并追求效用最大化的过程。Agent 理性行为可以从描述理论出发，通过基于效用评价的决策过程来刻画。基于决策理论的 Agent 结构较好地反映了人们求解问题的实际过程，可以在决策理论的指导下综合运用数学、逻辑、人工智能等多种技术加以实现。

由于决策主体的资源有限性和客观世界无限性的矛盾，决策者不可能尝试所有的方案，通常从两个方面寻求解决途径：一是对真实环境的简化，用较小的问题空间代替实际的问题空间，形成以估算和最优为特征的经典决策理论方法；二是以满意替代最优，形成以搜索和满意为特征的现代决策理论方法。满意法则并不需要严格估计或计算后果的发生概率及相应的效用，而只需要一个相对范围，整个决策过程是一个逐步细化的搜索过程，但如果过程控制不好，也可能导致过多开销。

（2）反应式 Agent（与按行为进行分类的 Agent 相同）。

反应式 Agent 的结构更加强调交互行为本身对产生智能和理性行为的作用，Agent 的智能、理性的行为不是在其所处的环境中单独存在的，而是只能在现实世界与周围环境的交互中表现出来。Agent 不依赖于任何符号表示，直接根据感知输入反射行动。反应式 Agent 只是简单的对外部刺激发生反应，没有使用符号表示的世界模型，也没有复杂的符号推理。在决定如何行动时并不参考历史信息，它们的决策完全基于当前状态。

相对于逻辑推理和效用计算，反应式 Agent 的结构在响应速度上具有优势，尤其是在动态、时变环境中其重要性更得以体现。

但是，反应式 Agent 的结构的局限性也很明显。比如，只根据当前环境状态决定自身行为，缺乏对整个环境及环境变化历史的了解，因此其行为缺乏中长期规划。决策是以局部信息为基础的，不能考虑整体和其他部分的信息，也无法预测其决策对整体行为的影响，这种没有远见的行为可能导致系统行为的不可预测性和不稳定性。

反应式 Agent 模型依赖于一定的设计者经验基础之上的行为规则和优先级规则，很难形成系统的方法。另外，反应式 Agent 没有任何学习能力，表现出 Agent 的适应能力比较差。

（3）混合式 Agent。

思考式 Agent 具有较高的智能，但无法对环境的变化做出快速响应，而且运行效率较低。反应式 Agent 能及时而快速地响应外来信息和环境的变化，但其智能程度较低，也缺乏足够的灵活性。纯粹的思考式 Agent 和反应式 Agent 对于大多数的实际问题都不是十分合适，实用的方法是综合两者的优点，把两类 Agent 结合起来，构造混合体系结构的 Agent，通常被设计成至少包括如下 2 个层次结构：高层是一个包含符号世界模型的认知层，用传统符号处理规划和进行决策；低层是一个快速响应和处理环境中突发事件的反应层，不使用任何符号表示和推理系统，反应层通常具有更高的优先权。

3. Agent 的环境

任何 Agent 都是"生存"在环境之中的，环境是 Agent 生存的平台。环境中包含各种资源和威胁，也包含其他 Agent，即 Agent 之间互为环境关系。有时，也可以将环境视为一个特殊的 Agent，称为环境 Agent。环境 Agent 也叫环境模拟器，包含环境的属性和环境状态的演化。

1）环境的属性

（1）可知性：Agent 传感设备使它可以了解环境的全部状态，对于完全可知的环境，Agent 无须保存内置状态信息。

（2）确定性：下一步环境的状态可以由当前状态和 Agent 选择的动作来完全决定。

（3）阶段性：在一个按时间划分为一个个不相关的阶段的环境里，Agent 的执行过程也将划分为一个个阶段。

（4）静态和动态：如果环境在 Agent 进行推理的时候就发生改变，就说该环境对于 Agent 来说是动态的，否则就是静态的。

（5）离散性：如果系统中只有有限的、区别明显的、清晰定义的知觉对象和动作，就说环境是离散的。

2）环境状态的演化

环境模拟器可以记录环境的历史状态和当前状态，每个状态通常会有时间戳，用来记录系统的演化过程和进行统计分析。

4.2　Multi – Agent 系统

4.2.1　Multi – Agent 系统概述

1. Multi – Agent 系统的定义

Multi – Agent 系统一般专指多智能体系统（Multi – Agent System，MAS）或多智能体技术（Multi – Agent Technology，MAT）。Multi – Agent 系统是分布式人工智能的一个重要分支。Multi – Agent 系统是多个智能体组成的集合，它的目标是将大而复杂的系统建设成小的、彼此互相通信和协调的、易于管理的系统。在一个 Multi – Agent 系统中，Agent 是自主的，它们可以是不同的个人或组织，采用不同的设计方法和计算机语言开发而成。它们可能是完全异质的，没有全局数据，也没有全局控制。这是一种开放的系统，Agent 的加入和离开都是自由的。系统中的 Agent 共同协作，协调它们的能力和目标以求解单个 Agent 无法解决的问题。

现实世界中存在的事物，可以将其个体或组织视为多智能体，每个智能体按照其本质属性赋予其行为规则。在一个 Agent 活动空间中，Agent 按照各自的规则行动，最后随着时间的变化，系统会形成不同的场景。这些场景可以用来辅助人们进行判断、分析现实世界人们无法直接观察到的复杂现象。

2. Multi – Agent 系统的特点

Multi – Agent 系统具有如下特点。

（1）每一主体具有有限信息资源和问题求解能力，不具有实现协作的全局观点。

（2）系统不存在全局控制，即控制是分布式的。

（3）知识与数据都是分散的。

（4）计算是异步执行的。

3. 复杂适应系统（Complex Adaptive System，CAS）

复杂适应系统是经济、生态、免疫、胚胎、神经及计算机网络等系统的统称，它是由遗传算法（Genetic Algorithms，GA）的创始人霍兰（J. Holland）于1994年在SFI成立十周年时正式提出的，迅速引起学术界的极大关注，并被尝试用于观察和研究各种不同领域的复杂系统，成为当代系统科学的一个热点。

CAS所涵盖的研究涉及经济学、金融学、政治学、社会学、生物学、生态学、物理学、地理学、军事及计算机科学等许多领域。1992年，曾经有人预言：基于Agent的计算将可能成为下一代软件开发的重大突破。随着人工智能和计算机技术在制造业中的广泛应用，多智能体系统为解决产品设计、生产制造乃至产品的整个生命周期中的多领域间的协调合作提供了一种智能化的方法，也为系统集成、并行设计和实现智能制造提供了更有效的手段。

4. Multi–Agent 系统的分类

1）根据主体的自主性进行分类

（1）控制主体和被控主体构成的系统：主体之间存在较强的控制关系，每个主体或对其他主体具有控制作用，或受控于对它具有权威的主体。在这类系统中，被控主体的行为受到约束，自主程度较低。

（2）自主主体构成的系统：主体自主地决策，产生计划，采取行动。主体之间具有松散的社会性联系。主体通过与外界的交互，了解外部世界的变化，并从经验中学习和增强其求解问题的能力，并且与相识者建立良好的协作关系。在这类系统中，自主主体之间的协作关系是互利互惠的关系，当目标发生冲突时，通过协商来解决。

（3）灵活主体（半自主的主体）构成的系统：主体进行决策时，某些问题在一定程度上需要受控于其他主体，大部分情况下要求主体完全自主地工作。在这类系统中，主体之间通常是松散耦合的，具有一定的组织结构，通过承诺和组织约束相互联系。

2）根据对动态性的适应方法分类

（1）系统拓扑结构不变，即主体数目、主体之间的社会关系等都不变。①主体内部结构固定，基本技能不变，通过重构求解问题的方式来适应环境；②主体通过自重组来适应环境，如修改和调整自己的知识结构、目标、选择等。

（2）系统拓扑结构改变。①主体数目不变，每个主体的微结构稳定，可以修改主体间的关系和组织形式。②可增减主体数目，可以动态创建和动态删除主体。

3）根据系统功能结构分类

（1）同构型系统，每个主体功能结构相同的系统。

（2）异构型系统，主体的结构、功能、目标都可以不同，由通信协议保证主体间协调与合作的实现。

4）根据主体关于世界知识的存储分类

（1）反应式多主体系统。
（2）黑板模式多主体系统。
（3）分布存储多主体系统。
5）根据控制结构分类
（1）集中控制：由一个中心主体负责整个系统的控制、协调工作。
（2）层次控制：每个主体控制处于其下层的主体的行为，同时又受控于其上层的其他主体。
（3）网络控制：由信息传递构成的控制结构，且该控制结构是可以动态改变的，可以实现灵活控制。

4.2.2　Multi-Agent 软件工具

构建一个具体的 Multi-Agent 仿真模型，需要统筹考虑以下问题。
（1）Agent 的推理：每个 Agent 的功能。
（2）事务的分解和分配：复杂系统可以分解为简单系统，简单系统由多个相同但功能简单的 Agent 完成。
（3）多 Agent 规划：确定 Agent 的分类、继承，不同类别 Agent 的数量和规模等。
（4）各成员 Agent 的目标、行为的一致性。
（5）冲突的识别与消解。
（6）管理类 Agent 模型。
（7）通信管理、资源管理、适应与学习、移动及系统的安全和负载平衡等。
基于多智能体的仿真模拟软件有很多，相对有影响力的建模工具有以下几种。
（1）美国西北大学网络学习和计算机建模中心的 NetLogo，NetLogo 的前身是 StarLogo。
（2）美国麻省理工学院多媒体实验室的 StarLogo。
（3）芝加哥大学社会科学计算实验室开发研制的 Repast。
（4）美国爱荷华州立大学的 McFadzean、Stewart 和 Tesfatsion 开发的 TNG Lab。
（5）意大利都灵大学 Pietro Terna 开发的企业仿真项目 JES。
（6）美国布鲁金斯研究所 Miles T. Parker 开发的 Ascape。
（7）美国桑塔菲研究所的 Swarm。

2004 年 6 月发布了 Swarm2.2 版本，可以在 Windows XP 系统上运行。Swarm 已获得 GNU 公共许可证，所有文档实例、软件和开发工具的 Alla 组件、可执行部件和源代码都可以免费得到。

Swarm 是美国新墨西哥州的桑塔菲研究所（Santa Fe Institute，SFI）1994 年起开发的一个面向对象程序设计（OOP）的多智能体仿真软件工具，是一种基于复杂适应系统（Complex Adaptive System，CAS）发展起来的支持"自下而上"或称"基于过程"的建模工具集。SFI 开发 Swarm 的目的是通过科学家和软件工程师的合作制造一个高效率、可信、可重复使用的软件实验仪器，用来帮助科学家们分析复杂适应系统。由于 Swarm 对模型和模型要素之间的交互方式不做任何限制，使用者则可以将精力集中在感兴趣的特定系统中，而不必受数据处理、用户界面及其他纯软件工作和编程等方面的问题所困扰，甚至对于非计算机专业学者而言使用也是相当方便。

1989 年举行的第一届国际多智能体欧洲学术会议，标志着该技术受到了研究者的广泛重视。1993 年首次召开了智能体形式化模型国际会议，1994 年又召开了第一届智能体理论、体系结构和语言国际会议，表明多智能体技术日益获得了重视。正是由于 Swarm 可以模拟任何物理系统、经济系统或社会系统，所以受到国内外经济学、金融学、政治学、社会学、生物学、生态学、物理学、地理学、军事及计算机科学等领域的专家、学者或爱好者们的广泛关注。

4.3　Multi – Agent 模型的应用

Multi – Agent 模型广泛应用于以下领域。

1. 城市管理与规划领域

20 世纪 90 年代的多主体模拟发展的一个里程碑是交通分析和模拟系统（TRansportation ANalysis and SIMulation System，TRANSIMS），这是一种基于多主体的交通模型，由 Barrett 等在新墨西哥州的洛斯阿拉莫斯国家实验室开发。与传统的交通模型不同，传统的交通模型使用方程组将大量移动的车辆作为一种流体来描述，而 TRANSIMS 模型将每辆车和每个司机作为单独地穿过一个城市公路网的主体。这个模型还包含了现实中的汽车、卡车和公交车，由不同的年龄、能力和目的地的人作为主体驱动。当应用在实际城市中的道路网络时，TRANSIMS 比传统交通模型在预测交通堵塞和当地污染程度方面做得更好。这就是为什么受 TRANSIMS 启发的多主体仿真模型在现今交通规划中成为一个标准工具的原因。

TRANSIMS 已经演化为专业化的交通规划软件，有各种版本的开源代码。

2. 公共卫生领域

越来越多的传染病学家转向采用多主体仿真模型，这样能够将以方程组为基础的模型所忽略的因素考虑在内，如地理、交通网络、家庭结构和行为改变等，所有这些都可以强烈影响疾病传播的方式。例如，2014 年在西非埃博拉（Ebola）疫情暴发期间，弗吉尼亚理工大学研究小组使用多主体仿真模型来帮助美国军方识别适合建立战地医院的地点。规划人员需要知道当所有流动的部门最终就位时，哪里的疾病感染率将会最高，病人能够在该地区状况极差的道路上行进多远和能够多快通过这些路段等。多主体仿真模型还能捕获一系列未能被传统的方程组考虑在内的问题。

Joshua Epstein 所在的纽约大学的实验室与城市公共卫生部门合作，对可能爆发的寨卡（Zika）病毒进行建模。研究小组设计了一个模型，其中的主体包括代表全部 850 万纽约人的 Agent，以及一组蚊子 Agent 用来代表蚊子群体，蚊子数量从捕捉陷阱中估计出来。该模型还包含了人们通常如何在家庭、工作、学校和购物场所流动的数据，性行为的数据（Zika 病毒可以通过无保护的性行为传播），以及影响蚊子数量的因素，如季节性温度波动情况、降雨量和繁殖地点等。最终得到一个模型，该模型不仅能预测这种病毒爆发可能会有多糟糕（这是流行病学家从以方程组为基础的模型中就可以确定的），还能够估计出病毒爆发最糟糕的地点可能是哪里（https：//www.gisagents.org/p/disease – modeling.html）。

3. 公共安全领域

图 4.6 是一张大型多主体仿真模型的快照。其中，白宫附近的一枚核弹熄灭几小时之后，一股放射性尘埃（黄色）向东延伸到华盛顿特区。图中柱状体的高度表示一个地点的人数，颜色表示人们的健康状态，蓝色表示健康，红色代表疾病或死亡。

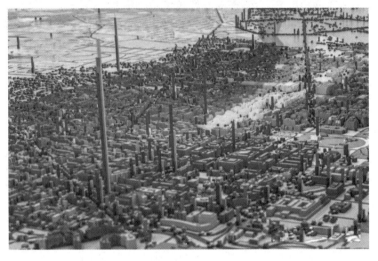

图 4.6 大型多主体仿真模型的快照

扫码看彩图

这个场景大概涉及了 730000 个主体，这个数量与统计学计算的该地区受影响的实际人口数量相同，并且每个主体还带有不同的特征，包括年龄、性别和职业等。每个主体都是一个自主的子程序，它会以合理的、人为的方式来响应其他主体和不断变化的灾难——它会表现出各种各样的行为，如恐慌、逃跑、努力寻找家庭成员等。

这样的模型的目的是为了避免像传统经济学和流行病学等领域所做的那样——用从上到下的固定的方程式来描述人类的行为。正相反，诸如金融崩溃或疾病蔓延等结果是自下而上的，通过许多个体的相互作用，让真实世界产生了大量的丰富性和自发性，这些是传统的方法难以模拟的。

4.4 案例

基于多智能体系统的模型是一个微观模型，通过模拟多个智能体的同时行动、相互作用再现和预测复杂现象。这个过程是从低（微观）层次到高（宏观）层次的涌现。因此，这个模型的关键就是简单的行为规则能够产生复杂的行为结果，这便是被建模领域广泛采纳的 KISS 原则（Keep It Simple，Stupid）。另一个原则是整体大于部分的总和。一般而言，独立个体是有限理性的，假设他们为个人的利益而行动，如繁殖、谋利或社会地位，并且只能通过试探性的或简单的决策规则进行决策。基于多智能体模型的个体可能经历学习、适应和再生产的过程。

绝大多数的基于多智能体系统的模型包括如下几种元素。

（1）大量通过各种指标和规模区分的智能体。

（2）试探性决策方式。

(3）学习规则或适应过程。

(4）一个交流拓扑网络。

(5）一个非智能体的环境（环境可以理解为因果）。

ABM（基于多智能体建模）主要应用于计算机仿真，一般通过专门的软件或 ABM 工具包实现，同时这些软件也能用于测验个体行为的改变如何影响系统整体行为结果的涌现。Mesa 就是这样一个专用工具包（参考文献 14）。

在 Mesa 安装过程中遇到一点小麻烦。原来在 Anaconda3 和 Win7 环境下，没有遇到任何阻碍，唯一需要调整的是 IE 系列浏览器不能正常显示运行结果，改为 Chrome 后一切正常。在 Win10 环境下，Mesa 的所有案例不能运行。经过一番调整，重新安装了 NumPy 和 Pandas 之后才正常运行，其中 NumPy 是升级版本（4.5.1）才能工作。运行 Mesa 的案例要求 Python 的版本为 3.7 且浏览器端口保持空闲。

Mesa 可以帮助用户快速建立基于 Agent 的模型，包括网格空间、Agent 行为定义、基于浏览器的可视化及模拟结果分析。它的设计目标是作为 Python 环境下实现类似 NetLogo、Repast 或 MASON 的功能。Mesa 有如下几个特点。

(1）模块化组件。

(2）基于浏览器显示。

(3）内建分析工具。

(4）大量的案例模型库。

4.4.1 "大糖帝国"模型

"大糖帝国"模型（Sugerscape）是 1996 年由弗吉尼亚大学的 Robert Axtell 和纽约大学的 Joshua Epstein 共同开发的一个著名的计算机实验。因为他们的目标是在普通的台式计算机上模拟社会现象，所以他们将基于多主体的模型简化成了最基本的形式：一组简单的主体围绕一个网格移动，寻找所谓的"糖"——一种在某些地方很丰富、在另一些地方很稀缺的食品类资源。尽管这个模型很简单，但是却产生了令人惊讶的复杂的群体行为，如迁移、战斗和邻居隔离等。

"大糖帝国"模型是一个揭示贫富本质的实验。一个棋盘上随机放置着 250 颗棋子，棋子要吃棋盘上生长出来的糖才能生存，但棋盘产出糖的情况不是均匀的，有富糖的山峰、少糖的平原和几乎无糖的荒漠。棋子具有一定的观察能力，但观察范围有限且略有区别，只能观察最近几格的情况。棋子选择糖最多的方向前进，每走一步都要消耗糖，行动有快有慢，消耗完糖就被淘汰。

当程序运行一段时间后，研究者就观察到了有趣的景象。如图 4.7 的左图所示，从图 1 到图 4，没有任何人工引导，就如同"上帝"亲手安排的一样。图中深色部分是富糖区域，淡色部分糖产量低或完全没有。黑点是棋子，部分棋子逐渐将富糖区域围拢，使其与低产区域隔离。为了排除偶然因素，研究者一次又一次地启动实验，然而每一次都是同样的结果。实验说明，出现贫富分化是不可避免的。

如图 4.7 的右图所示，财富分布从开始的正态分布，到最后稳定的长尾分布。左侧逐渐出现极少数的超级富豪，超级富豪的右侧是数量有限的上流阶层，然后是不断萎缩的中产阶层，最右边则是人数极为庞大的底层低收入者。

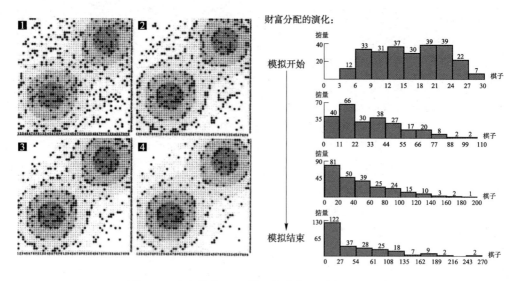

图 4.7 "大糖帝国"模型的演化及财富分配分布

原本糖分分配分布是正态分布状态，后来被棋子间巨富与赤贫 2 种模式所取代。而且随着时间推进，富者越富、贫者越贫的现象也会加剧，最终越来越多的棋子因为缺糖而被淘汰，占据富糖区域的棋子则积累起更多的糖分。围绕着富糖区域，棋子自发形成了一环一环的稳定结构。社会贫富分化的情景就在逻辑极其简单的棋盘上重现了。棋盘上建立起了一个等级分明、贫富分化的"大糖帝国"。

有关"大糖帝国"模型的建模与仿真，这里提供两个参考链接，请登录华信教育资源网（www.hxedu.com.cn）下载资料包查看。

4.4.2 随机游走模型

这里讨论的随机游走模型就是二维空间的普朗运动。普朗运动是最简单的多主体模型，运行代码产生颗粒随机游走的动态画面，图 4.8 是代码清单 4.1 的运行结果。

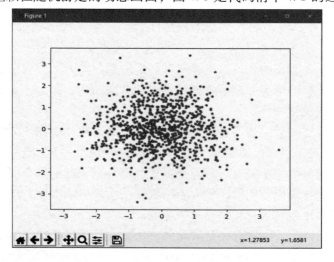

图 4.8 普朗运动的动态截图

在代码清单 4.1 中，函数 initialize（）初始化了 1000 个高斯随机分布的"粒子"（rd. gauss（0，1））。函数 update（）按照高斯随机分布（rd. gauss（0，sd））更新每个"粒子"的位置。

代码清单 4.1 普朗运动

```
importmatplotlib
matplotlib.use('TkAgg')
from pylab import *
import random as rd
n = 1000 # number of particles
sd = 0.1 # standard deviation of Gaussian noise
def initialize():
    global xlist, ylist
    xlist = []
    ylist = []
    for i in xrange(n):
        xlist.append(rd.gauss(0,1))
        ylist.append(rd.gauss(0,1))
def observe():
    global xlist, ylist
    cla()
    plot(xlist, ylist, '.')
def update():
    global xlist, ylist
    for i in xrange(n):
        xlist[i] += rd.gauss(0, sd)
        ylist[i] += rd.gauss(0, sd)
import pycxsimulator
pycxsimulator.GUI().start(func=[initialize, observe, update])
```

4.4.3 Boltzmann 财富模型

Boltzmann 财富模型是一个模拟 Agent 之间交换财富的模型。每个 Agent 在开始时拥有相同的财富。在每一步中，拥有一个或多个单位财富的 Agent 随机选择另一个 Agent 给予一个单位的财富。在开始时财富分布是均匀的，经过一段时间以后，财富分布出现扭曲，少数拥有大量财富，多数几乎没有财富。

如图 4.9 所示，中上半部分是 Agent 群体，以及 Agent 之间相互交换财富，下半部分的曲线是 GINI 系数随时间的变化，可以发现 GINI 系数很快接近 0.5。

Boltzmann 财富模型的一个改进版本是带有社会网格的 Boltzmann 财富模型。如图 4.10 所示，Agent 群体之间存在一个社会网络，Agent 只能位于某个网络节点，每个节点只能被一个 Agent 占据。Agent 之间必须存在"边"才能给予或接受财富，即只有相互有连接关系的 Agent 之间才会发生财富交换。从图中可以看到，与原始模型相比，GINI 系数的变动有所不同，出现了一定的周期性。

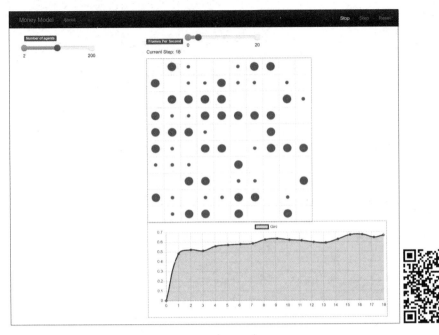

图 4.9　Boltzmann 财富模型的贫富分化过程　　　　扫码看彩图

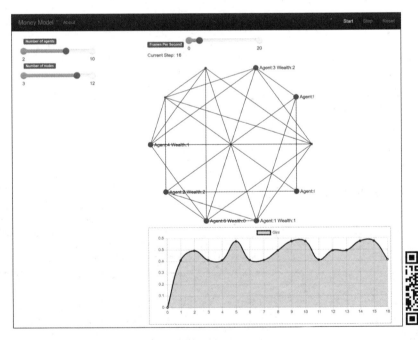

图 4.10　Boltzmann 财富模型的改进版　　　　扫码看彩图

不同的社会网络会涌现各种财富分布特征，社会学家和经济学家已经对此类模型做了大量的研究。

4.4.4　Schelling 模型

我们在本书第 2 章曾经介绍过 Schelling 模型，这里采用另一种建模方法实现相同的模型逻辑。模型参数的设置如图 4.11 中左侧所示。模型展示了居民较低的同类邻居要求可以导致在宏观上很大程度的分块隔离居住分布。模型参数中包含格子空间中的居民密度、两类居民主体的百分比，以及居住容忍度等。

当设置人群数量为 200、阈值为 30% 时，模型将人群随机分布在棋盘，初始状态时人群相似度约为 50%，不满意度约为 17%。最终得到的均衡状态为高达 72% 的相似度。类似地，当把阈值设为 40% 时，初始将约有 28% 的人不满意，最终群体相似度将高达 80%。

通过 Schelling 模型可以深刻地认识到，宏观层面上发生的种族隔离、由经济收入产生的隔离或由其他任何因素产生的隔离，可能并不是由于在微观层面上人们对周围环境的苛刻要求造成的。Schelling 所著的《微观动机与宏观行为》一书阐述了微观上的动机并不一定等同于宏观上的表现这一现象，微观层面的歧视未必存在，或者未必强烈，但宏观上的表现会很强烈。

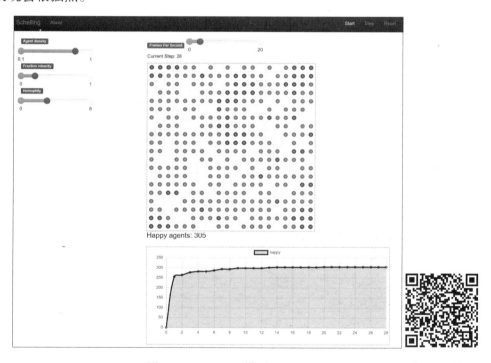

图 4.11　Schelling 模型　　　　扫码看彩图

4.4.5　Epstein 内乱模型

Epstein 内乱模型展示了内乱的蔓延和被镇压的动态过程。公民在格子间随机游荡，具有一定程度的生活艰难，因此具有一定程度参与暴乱的动机。整个社会有一个具有合法性的政府，政府的合法性取决于公民的支持度。政府有若干维护秩序的警察，警察的数量需要税收维护，税收的多少决定公民生活水平。公民是否参与暴乱取决于他们生活的艰难程度和政府的合法程度（暴乱的次数越多政府合法性越小）。警察会逮捕参与暴乱的公民，因此参与暴乱的公民具有一定的风险，有一定的概率会被逮捕。

当达到临界条件时，模型中存在一个正反馈过程：如果参与暴乱的公民越多，个体被逮捕的概率就越低，就会有越多的公民参与暴乱；反之，抓捕的公民越多，参与暴乱的公民会越少。模型参数如下：在 40×40 的网格中，公民密度为 0.7，警察密度为 0.074，公民和警察的视野均为 7，合法性系数为 0.8。图 4.12 是模型的运行结果，红线代表不反抗人数，绿线代表收监人数，蓝线代表积极反抗人数。随着时间推移，模型进入平衡状态。

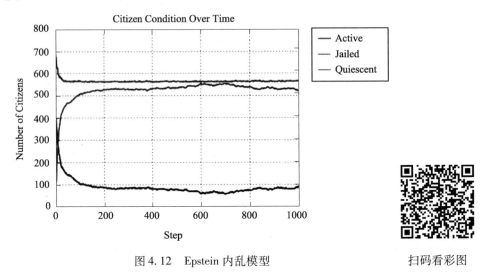

图 4.12　Epstein 内乱模型　　　　　　　扫码看彩图

该模型的原始论文为 *Modeling Civil Violence：An Agent-Based Computational Approach*。相关论文为 *Practicality of Agent-Based Modeling of Civil Violence：An Assessment*。

4.4.6　鸟群迁徙模型

Craig Reynolds 的鸟群迁徙模型模拟了鸟群迁徙的群体行为。每个个体根据局部的环境采取以下 3 种应对行为。

（1）与某个个体距离太近，选择向分离方向移动。

（2）判断周围的邻居个体的"中心"位置，如果距离较远，就向邻居个体的"中心"位置方向移动。

（3）调整到与邻居个体飞行的平均速度一致（大小和方向）。

该模型是 Mesa 的案例之一，在连续空间上使用 NumPy 数组表示向量。由于模拟结果是一个动态过程，观察静态截图的意义不大，所以没有在此提供图例。

4.4.7　病毒传播模型

病毒传播模型模拟病毒在社交网络中的传播，模型参数包括实体数量、网络度、病毒爆发规模、传播概率、治愈率、免疫率和病毒检查频率等。如图 4.13 所示，左侧图是模型运行参数设置，右侧上图是实体社交网络，病毒只能在 2 个相邻实体之间传播，右侧下图中红线表示感染病毒实体数量，绿线表示待感染人群数量，灰线表示感染后具有免疫人群数量。从图中可以看出，在所设参数下，几乎所有实体被感染。

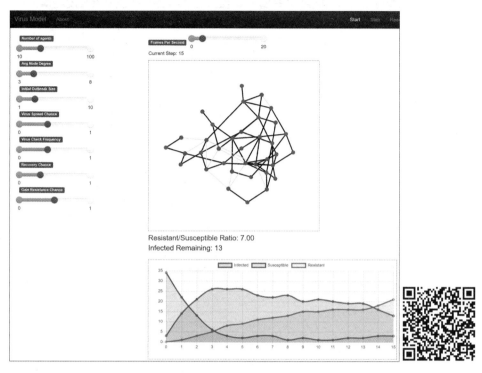

图 4.13　病毒传播模型　　　　　　　　　扫码看彩图

4.4.8　食物链模型

如图 4.14 所示，食物链模型是一个简单的生态系统模型，包含狼、羊、草 3 个主体。狼和羊在格子上随机移动，在移动时都需要消耗能量，通过食物可以补充能量。当它们处于同一个格子时，狼会吃掉羊，羊会吃掉草。

如果狼或羊有足够的食物，它们会繁殖，生出新的狼或羊。格子上的草会以一定的比例生长。如果狼或羊消耗完能量，它们会死亡。图中红线代表狼群的数量变化，灰线代表羊群的数量变化。

4.4.9　银行准备金模型

银行准备金模型仅包含一个 Agent 类和一个银行（代表所有银行），人（Agent）在格子间随机移动，如果两个或多个人处于同一个格子，他们之间有 50% 的概率会发生交易。如果他们交易，相同的概率他们会给对方 2 美元或 5 美元。获得美元的一方会将美元存入银行，支付美元的一方会从银行账号中扣除相应数量的美元。如果交易导致一方的账户没有足够资金，他将从银行借贷相应差额，银行会收取一定百分比的借贷利息。银行被要求预留一定百分比的保证金，银行允许贷款的数量是用户存款、预留保证金和未偿还贷款的函数。

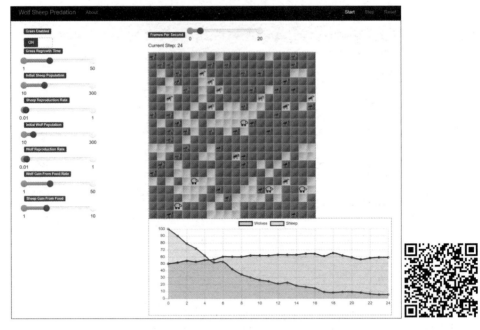

图 4.14　食物链模型　　　　　　　　　　　　　　　　　　扫码看彩图

银行准备金模型如图 4.15 所示，红线代表富人数量变化，绿线代表中产阶层数量变化，蓝线代表穷人数量变化。

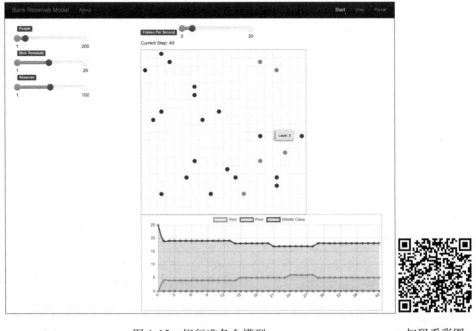

图 4.15　银行准备金模型　　　　　　　　　　　　　　　　扫码看彩图

4.4.10 囚徒困境模型

囚徒困境模型是由 Joshua Epstein 首先提出的经典模型，由多个智能体组成一个网络，每个智能体都有一个合作或对抗策略。每个智能体的收益取决于其自身策略和邻居的策略。在模型的每一步之后，每个智能体会根据其邻居当前的策略改变自己的策略，以使自己获得最大利益。

这里建立的模型是二人囚徒困境模型，模型的合作-对抗收益如表 4.1 所示。

表 4.1 合作-对抗收益表

	合作	对抗
合作	1, 1	0, D
对抗	D, 0	0, 0

其中，D 是选择对抗策略的获利，通常大于 1，此模型设置 D = 1.6。

囚徒困境模型表明，尽管对抗策略在每次博弈中对个体是有利的，但简单地改变机制依然可以导致广泛合作的出现。另一个有趣的现象是，上述囚徒困境模型对采用的激活机制是很敏感的。这里将同一个模型使用以下 3 种不同的激活机制来演示这一点。

（1）顺序激活模式：按一定的顺序激活智能体，让智能体选择新策略。
（2）随机激活模式：随机激活智能体，让智能体选择新策略。
（3）同时激活模式：让所有的智能体同时选择新策略。

参数设置：50×50 网络，冯·诺依曼邻域，红色代表对抗，蓝色代表合作，初始为随机状态。模型运行结果如下所述。

（1）顺序激活模式：经过 10 次迭代，所有智能体全部选择对抗，如图 4.16 所示。

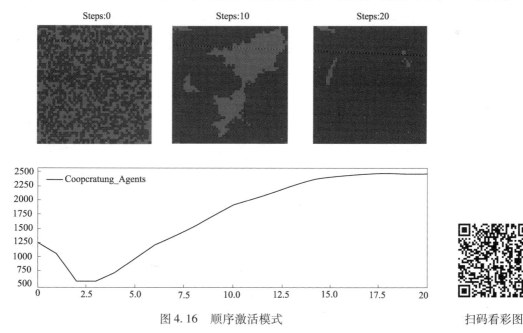

图 4.16 顺序激活模式

（2）随机激活模式：经过迭代后大部分智能体选择对抗，中间出现一个选择合作智能体数量的峰值，如图 4.17 所示。

（3）同时激活模式：2500 个智能体中约 1000 个智能体选择合作，如图 4.18 所示。

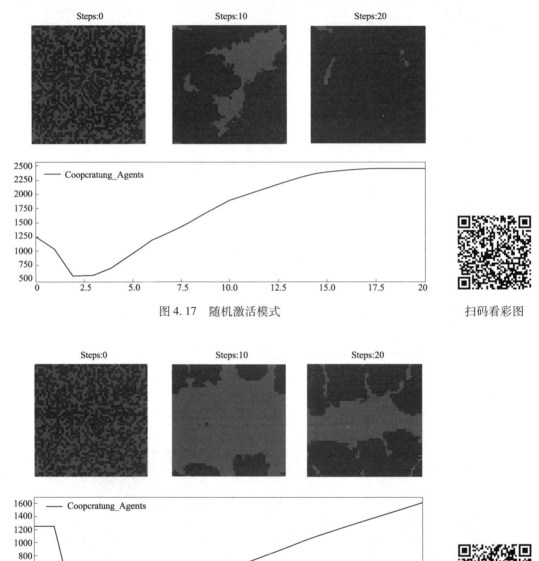

图 4.17　随机激活模式

图 4.18　同时激活模式

扫码看彩图

第 5 章

复杂网络模型

钱学森给出了复杂网络（Complex Network）的一个较严格的定义：具有自组织、自相似、吸引子、小世界、无标度中部分或全部性质的网络称为复杂网络。

复杂网络是由数量巨大的节点和节点之间错综复杂的关系共同构成的网络结构。用数学的语言来说，它就是一个有着足够复杂的拓扑结构特征的图。复杂网络具有简单网络，如晶格网络、随机图等结构所不具备的特性，而这些特性往往出现在真实世界的网络结构中。复杂网络的研究是现今科学研究中的一个热点，与现实中各类高复杂性系统，如网际网络、神经网络和社会网络的研究有密切关系。

5.1 网络基础

图（Graph）是数据结构和算法学中最强大的框架。图几乎可以用来表现所有类型的结构或系统，从交通网络到通信网络，从下棋游戏到最优流程，从任务分配到人际交互网络，以及底层的各种物质的物理和化学结构，图都有广阔的用武之地。

这里所说的图并不是指图形、图像（Image）或地图（Map），而是指数学中的图论。图由节点（也称为顶点）和边构成，如果对图中的边赋予权值，则称为网络（或网），即网络是加权的图，图是忽略了权值的网络。图也可以理解为每条边的权值都为 1 的网络。因此，图和网络在很多场合是可以混用的。

Python 软件包 NetworkX 涵盖了非常丰富的复杂网络建模功能，本章将通过该软件包的基本功能，介绍常见的复杂网络模型。软件包 NetworkX 的详尽说明参见参考文献 23。

本章引用了 Hiroki Sayama 的著作 *Introduction to the Modeling and Analysis of Complex Systems* 中的若干案例。该书包含大量运用各种方法建立复杂系统模型的实例（参考文献 18）。

5.1.1 网络基本概念和基础操作

NetworkX 可以创建 4 种类型的图。运行以下代码需要事先安装并导入库函数 NetworkX（import networkx as nx）。

（1）创建无向图：G = nx. Graph ( )。
（2）创建有向图：G = nx. DiGraph ( )。
（3）创建多重无向图：G = nx. MultiGraph ( )。
（4）创建多重有向图：G = nx. MultiDigraph ( )。

在多重无向图和多重有向图中,可以包含多个层次的边或有向边,以满足多用途的抽象描述。下面主要以无向图为例,介绍图的一些基本概念和基本操作,这些操作同样包含在有向图、多重有向图和多重无向图中。

1. 节点操作

以下是常用的节点操作的函数。

(1) nodes(G):在图节点上返回一个迭代器,其中参数 G 是图。

(2) numberofnodes(G):返回图中节点的数量,其中参数 G 是图。

(3) all_neighbors(G,node):返回图中节点的所有邻居,其中参数 G 是图,node 是图中的一个节点。

(4) non_neighbors(G,node):返回图中不是邻居的节点,其中参数 G 是图,node 是图中的一个节点。

(5) common_neighbors(G,u,v):返回图中 2 个节点的公共邻居,其中参数 G 是图,参数 u 和 v 是图中的 2 个节点。

通过下面这段代码,我们可以知道如何建立一个新图,如何在图中加入一个或一组节点,如何在图中加入一条包含一组节点的路径。代码清单 5.1 的运行结果如图 5.1 所示。

代码清单 5.1　节点操作

```
import networkx as nx
import matplotlib.pyplot as plt
G = nx.Graph()   #建立一个空的无向图 G
G.add_node('a')   #添加一个节点 a
G.add_nodes_from(['b','c','d','e'])  #加点集合
G.add_cycle(['f','g','h','j'])   #加环
H = nx.path_graph(10)  #返回由 10 个节点挨个连接的无向图,所以有 9 条边
G.add_nodes_from(H)   #创建一个子图 H 加入 G
G.add_node(H)    #直接将图作为节点
nx.draw(G,with_labels = True)
plt.show()
#删除节点
G.remove_node(1)    #删除指定节点
G.remove_nodes_from(['b','c','d','e'])   #删除集合中的节点
nx.draw(G,with_labels = True)
```

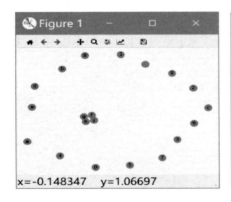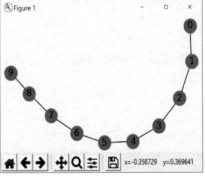

图 5.1　节点操作

其中，h 节点是由 10 个节点组成的一条路径（图 5.1 右图），h 本身也是一个图。

函数 G.add_node（ ）的作用是添加一个节点，函数 G.add_nodes_from（ ）的作用是添加一组节点，函数 G.add_cycle（ ）的作用是添加一个环。相反的操作，函数 G.remove_node（ ）的作用是删除一个节点，函数 G.remove_nodes_from（ ）的作用是删除一组节点。函数 nx.draw（ ）的作用是绘制一个图。

2. 边操作

以下是常用的边操作的函数。

（1）edges（G［，nbunch］）：返回与 nbunch 中的节点相关的边的视图。

（2）numberofedges（G）：返回图中边的数目。

（3）non_edges（graph）：返回图中不存在的边。

对于代码清单 5.1 中的 H 子图，执行语句：print（nx.edges（H）），输出结果是：

[（0，1），（1，2），（2，3），（3，4），（4，5），（5，6），（6，7），（7，8），（8，9）]

（4）adjacency（ ）：返回一个图的邻接迭代器，迭代器中包含每个节点和它的邻接节点组，邻接节点组中还包含节点编号及权值。代码清单 5.2 是一个范例。

代码清单 5.2　边操作

```
import networkx as nx
FG = nx.Graph()
FG.add_weighted_edges_from([(1,2,0.125),(1,3,0.75),(2,4,1.2),(3,4,0.275)])
for n, nbrs in FG.adjacency():
    for nbr, eattr in nbrs.items():
        data = eattr['weight']
        print('(%d,%d,%0.3f)' % (n,nbr,data))
```

代码清单 5.2 中，函数 add_weighted_edges_from（ ）向图中添加一组带权值的边，并通过函数 adjacency（ ）获得每个节点的邻接节点组，包括相应的权值。输出结果如下：

（1，2，0.125）

（1，3，0.750）

（2，1，0.125）

（2，4，1.200）

（3，1，0.750）

（3，4，0.275）

（4，2，1.200）

（4，3，0.275）

也可以使用函数 FG.edges（data = 'weight'）遍历网络上所有带权的边，获得如下结果：

（1，2，0.125）

(1, 3, 0.75)
(2, 4, 1.2)
(3, 4, 0.275)

边的权值（或者称为权重、开销、长度等），是一个非常核心的概念，即每条边都有与之对应的值。例如，当顶点代表某些物理地点时，2 个顶点间边的权值可以设置为路网中的开车距离。

代码清单 5.3 绘制了带有权值的图，其中权值小于 0.5 的边为虚线，大于 0.5 的边为实线，运行结果如图 5.2 所示。

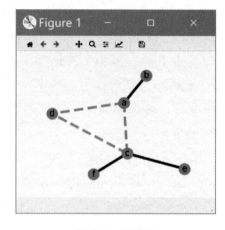

图 5.2　权值图

代码清单 5.3　带有权值的图

```
import matplotlib.pyplot as plt
import networkx as nx
G = nx.Graph()
G.add_edge('a', 'b', weight=0.6)
G.add_edge('a', 'c', weight=0.2)
G.add_edge('c', 'd', weight=0.1)
G.add_edge('c', 'e', weight=0.7)
G.add_edge('c', 'f', weight=0.9)
G.add_edge('a', 'd', weight=0.3)
elarge = [(u, v) for (u, v, d) in G.edges(data=True) if d['weight'] > 0.5]
esmall = [(u, v) for (u, v, d) in G.edges(data=True) if d['weight'] <= 0.5]
pos = nx.spring_layout(G)  # positions for all nodes
# nodes
nx.draw_networkx_nodes(G, pos, node_size=700)
# edges
nx.draw_networkx_edges(G, pos, edgelist=elarge, width=6)
nx.draw_networkx_edges(G, pos, edgelist=esmall, width=6, alpha=0.5, edge_color='b', style='dashed')
# labels
nx.draw_networkx_labels(G, pos, font_size=20, font_family='sans-serif')
plt.axis('off')
plt.show()
```

代码清单 5.3 中，通过函数 add_edge（）添加带权值的边。将所有的边按照权值是否大于 0.5 分成两组：elarge 和 esmall。通过函数 draw_networkx_edges（）绘制带权值的边，每组边使用不同的宽度。函数 draw_networkx_nodes（）和函数 draw_networkx_labels（）绘制节点和节点信息。函数 nx.spring_layout（）的功能是设置绘制图时运用的空间布局，以后有专门介绍。

3. 图操作

以下是常用的图操作的函数。

（1）degree（G [, nbunch, weight]）：返回单个节点或 nbunch 节点的度数视图。

（2）degree_histogram（G）：返回每个度值的频率列表。

（3）density（G）：返回图的密度，图密度是边的数量与完全图边数量之比。

（4）info（G[,n]）：打印图G或节点n的简短信息摘要。

（5）is_directed（G）：如果图是有向的，返回true。

（6）addstar（Gtoaddto, nodesforstar, **attr）：在图形Gtoadd_to上添加一个星形。

如果图中的边没有方向性，则该图称为无向图；如果图中的边带有方向性，则边称为弧，即一个节点发出一条弧，另一个节点输入一条弧，前者称为弧尾节点，后者称为弧头节点。节点出度是发出弧的数量，节点入度是接收弧的数量。代码清单5.4通过函数DiGraph()绘制一个有向图，如图5.3所示。

代码清单5.4 有向图

```
import networkx as nx
import matplotlib.pyplot as plt
G = nx.DiGraph()
G.add_edges_from([('n','n1'),('n','n2'),('n','n3')])
G.add_edges_from([('n4','n41'),('n1','n11'),('n1','n12'),('n1','n13')])
G.add_edges_from([('n2','n21'),('n2','n22')])
G.add_edges_from([('n13','n131'),('n22','n221')])
G.add_edges_from([('n131','n221'),('n221','n131')])
G.add_node('n5')
nx.draw(G, with_labels = True)
plt.show()
```

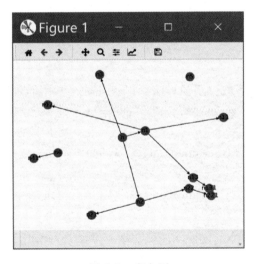

图5.3 有向图

5.1.2 网络的经典算法

1. 简单路径（Path）和环（Loop）

简单路径是指路径上的节点不重复的路径。环，也称为环路，是一个与路径相似的概念。在简单路径的终点添加一条指向起点的边，就构成一条环路。

代码清单5.5生成一个8个节点的简单路径和一个10个节点的环,如图5.4所示。

代码清单5.5　简单路径和环

```
import matplotlib.pyplot as plt
import networkx as nx
G = nx.path_graph(8)
nx.draw(G)
F = nx.cycle_graph(10)
nx.draw(G)
plt.show()
```

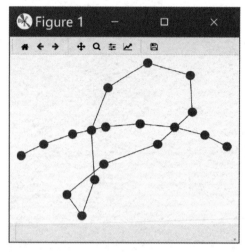

图5.4　简单路径和环

2. 最短路径

针对不同的网络有很多最短路径算法,以下几种是常用的函数。

(1) dijkstra_path(G, source, target, weight = 'weight'):求图中从source到target的最短路径。

(2) dijkstrapathlength(G, source, target, weight = 'weight'):求从source到target的最短路径的长度。

(3) all_shortest_paths(G, source, target [, …]):求图中从source到target [, …]的一组最短路径。

(4) has_path(G, source, target):判断从source到target之间是否存在路径。

在代码清单5.6中,函数nx.shell_layout(G)的作用是给网路设置布局,以后专门介绍。函数nx.dijkstra_path_length()计算最短路径,如图5.5所示,代码的输出结果如下:

dijkstra方法寻找最短路径:
节点0到7的路径:[0, 3, 6, 7]
dijkstra方法寻找最短距离:
节点0到7的距离为:9

代码清单5.6 求最短路径

```python
import networkx as nx
import pylab
import numpy as np
#自定义网络
row = np.array([0,0,0,1,2,3,6])
col = np.array([1,2,3,4,5,6,7])
value = np.array([1,2,1,8,1,3,5])
G = nx.DiGraph()
for i in range(0,np.size(col)+1): #为这个网络添加节点
    G.add_node(i)
for i in range(np.size(row)): #在网络中添加带权重的边
    G.add_weighted_edges_from([(row[i],col[i],value[i])])
pos = nx.shell_layout(G) #给网路设置布局
nx.draw(G,pos,with_labels=True,node_color='white',edge_color='red',node_size=400,alpha=0.5)
pylab.title('Self_Define Net',fontsize=15)
pylab.show()
print('dijkstra方法寻找最短路径:')
path = nx.dijkstra_path(G, source=0, target=7)
print('节点0到7的路径:', path)
print('dijkstra方法寻找最短距离:')
distance = nx.dijkstra_path_length(G, source=0, target=7)
print('节点0到7的距离为:', distance)
```

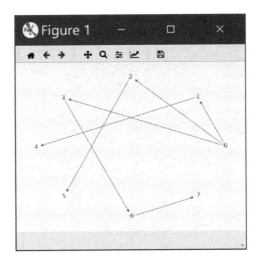

图5.5 最短路径

3. 特征参数

图的特征参数反映了图的整体性质，主要特征参数有半径、直径、密度、边缘节点、中心节点和节点在图中的偏心度等。这些特征参数的定义将在5.3节详细介绍。

函数 lollipop_graph（n，m）可以生成一个棒棒糖图，包括 n 个节点的全连接图和 m 个节点的一条简单路径。例如，函数 lollipop_graph（4，6）生成如图 5.6 所示的棒棒糖图。

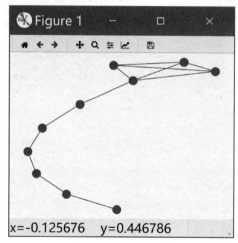

图 5.6　棒棒糖图

函数 single_source_shortest_path_length（G，v）返回每个节点到图中其余各节点的最短长度，用字典表示为源节点｛目标节点：长度，…｝。

代码清单 5.7 通过函数 single_source_shortest_path_length（），计算了任意两点之间的最短路径，运行结果如下：

```
source vertex {target: length, }
0 {0: 0, 1: 1, 2: 1, 3: 1, 4: 2, 5: 3, 6: 4, 7: 5, 8: 6, 9: 7}
1 {1: 0, 0: 1, 2: 1, 3: 1, 4: 2, 5: 3, 6: 4, 7: 5, 8: 6, 9: 7}
2 {2: 0, 0: 1, 1: 1, 3: 1, 4: 2, 5: 3, 6: 4, 7: 5, 8: 6, 9: 7}
3 {3: 0, 0: 1, 1: 1, 2: 1, 4: 1, 5: 2, 6: 3, 7: 4, 8: 5, 9: 6}
4 {4: 0, 5: 1, 3: 1, 6: 2, 0: 2, 1: 2, 2: 2, 7: 3, 8: 4, 9: 5}
5 {5: 0, 4: 1, 6: 1, 3: 2, 7: 2, 0: 3, 1: 3, 2: 3, 8: 3, 9: 4}
6 {6: 0, 5: 1, 7: 1, 4: 2, 8: 2, 3: 3, 9: 3, 0: 4, 1: 4, 2: 4}
7 {7: 0, 6: 1, 8: 1, 5: 2, 9: 2, 4: 3, 3: 4, 0: 5, 1: 5, 2: 5}
8 {8: 0, 7: 1, 9: 1, 6: 2, 5: 3, 4: 4, 3: 5, 0: 6, 1: 6, 2: 6}
9 {9: 0, 8: 1, 7: 2, 6: 3, 5: 4, 4: 5, 3: 6, 0: 7, 1: 7, 2: 7}
```

代码清单 5.7　任意两点之间的最短路径

```
import networkx as nx
G = nx.lollipop_graph(4, 6)
pathlengths = []
print("source vertex {target:length, }")
for v in G.nodes():
    spl = dict(nx.single_source_shortest_path_length(G, v))
    print('{} {} '.format(v, spl))
    for p in spl:
        pathlengths.append(spl[p])
```

运行代码清单 5.8 可以输出平均最短路径和路径长度直方图，变量 pathlengths 是代码清单 5.7 中的结果。

代码清单 5.8　求平均最短路径和路径长度

```
import networkx as nx
G = nx.lollipop_graph(4, 6)
pathlengths = []
for v in G.nodes():
    spl = dict(nx.single_source_shortest_path_length(G, v))
    for p in spl:
        pathlengths.append(spl[p])
#######################################
print("average shortest path length % s" % (sum(pathlengths) / len(pathlengths)))
dist = {}
for p in pathlengths:
    if p in dist:
        dist[p] += 1
    else:
        dist[p] = 1
print('')
print("length #paths")
verts = dist.keys()
for d in sorted(verts):
    print('% s % d' % (d, dist[d]))   # 路径长度,路径数量
```

运行结果如下：

average shortest path length 2.86

length paths

0：10，1：24，2：16，3：14，4：12，5：10，6：8，7：6

代码清单 5.9 分别用函数 radius（G）、diameter（G）、eccentricity（G）、center（G）、periphery（G）、density（G）计算图的半径、直径、偏心度、中心、边缘、密度等。其中，G 是代码清单 5.7 中的结果。

代码清单 5.9　图的半径、直径、偏心度、中心、边缘、密度

```
import networkx as nx
G = nx.lollipop_graph(4, 6)
print("radius: % d" % nx.radius(G))  # 半径
print("diameter: % d" % nx.diameter(G))  # 直径
print("eccentricity: % s" % nx.eccentricity(G))  # 偏心度
print("center: % s" % nx.center(G))   # 中心
print("periphery: % s" % nx.periphery(G))  # 边缘
print("density: % s" % nx.density(G))  # 密度
```

运行结果如下：
　　radius：4
　　diameter：7
　　eccentricity：{0：7，1：7，2：7，3：6，4：5，5：4，6：4，7：5，8：6，9：7}
　　center：[5，6]
　　periphery：[0，1，2，9]
　　density：0.26666666666666666

4. 连通子图和连通分量

无向图的连通子图是指子图中所有的顶点之间存在路径。极大连通子图称为图的连通分量。如果是有向图，则一个强联通分量是指其中的任意2个节点都有双向通路；如果在有向图中仅考虑单向通路，则为弱连通分量。

如下为一组有关联通分量的函数。

（1）is_connected（G），判断图 G 是否连通，返回逻辑值。
（2）number_connected_components（G），计算并返回图 G 的连通分量的个数。
（3）connected_components（G），返回图 G 的连通子图。
（4）node_connected_component（G，n），返回图 G 的连通子图中的节点。

代码清单 5.10 生成 2 条路径，即 2 个连通子图，通过函数 connected_components（G）计算图 G 的连通子图，如图 5.7 所示。

代码清单 5.10　计算连通子图

```
G = nx.path_graph(4)
G.add_path([10, 11, 12])
ls = list(nx.connected_components(G))
print(ls)
```

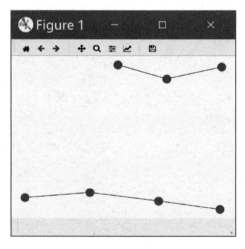

图 5.7　计算连通子图

运行结果如下：
　　[{0，1，2，3}，{10，11，12}]

5. 拓扑排序

对一个有向无环图 G 进行拓扑排序，是将 G 中所有顶点排成一个线性序列，使得图中任意一对顶点 u 和 v，若弧(u, v)∈E(G)，则 u 在线性序列中出现在 v 之前。通常，这样的线性序列称为满足拓扑次序的序列，简称拓扑序列。简单地说，由某个集合上的一个偏序得到该集合上的一个全序，这个操作称为拓扑排序。

通过函数 topological_sort（DG），可以对图 DG 进行拓扑排序，得到一个节点序列。

代码清单 5.11 对有向图 nx.DiGraph([(1, 2), (2, 3)])进行拓扑排序。

代码清单 5.11　拓扑排序

```
import networkx as nx
DG = nx.DiGraph([(1, 2), (2, 3)])
l = list(reversed(list(nx.topological_sort(DG))))
print(l)
```

代码运行结果：

[3, 2, 1]

6. 最小生成树

最小生成树是指一个有 *n* 个节点的连通图的生成树是原图的极小连通子图，且包含原图中的所有 *n* 个节点，并且有保持图连通的最少的边。

代码清单 5.12 首先构建并绘制包含 8 个节点的全连接图 G，然后使用函数 tree.minimum_spanning_edges（G, algorithm = 'prim', weight = 'mass'）的 prim 算法构造最小生成树。获得最小生成树的图并进行绘制，如图 5.8 所示，右图为左图的最小生成树。

代码清单 5.12　最小生成树

```
import matplotlib.pyplot as plt
import networkx as nx
from networkx.algorithms import tree
g_data = [(1, 2, 1.3), (1, 3, 2.1), (1, 4, 0.9), (1, 5, 0.7), (1, 6, 1.8), (1, 7, 2.0), (1,
8, 1.8), (2, 3, 0.9), (2, 4, 1.8), (2, 5, 1.2), (2, 6, 2.8), (2, 7, 2.3), (2, 8, 1.1), (3, 4,
2.6), (3, 5, 1.7), (3, 6, 2.5), (3, 7, 1.9), (3, 8, 1.0), (4, 5, 0.7), (4, 6, 1.6), (4, 7,
1.5), (4, 8, 0.9), (5, 6, 0.9), (5, 7, 1.1), (5, 8, 0.8), (6, 7, 0.6), (6, 8, 1.0), (7, 8,
0.5)]
G = nx.Graph()
G.add_weighted_edges_from(g_data)
def draw(g):
    pos = nx.spring_layout(g)
    nx.draw(g,
pos, arrows = True, with_labels = True, nodelist = g.nodes(), style = 'dashed', edge_color
= 'b', width = 2, node_color = 'y', alpha = 0.5)
    plt.show()
```

(续)

```
tr = tree.minimum_spanning_edges(G, algorithm = 'prim', weight = 'mass')
tr = list(tr)
print(tr)
mtg = nx.Graph()
for v,u,i in tr:
    mtg.add_edge(v,u)
draw(G)
draw(mtg)
plt.show()
```

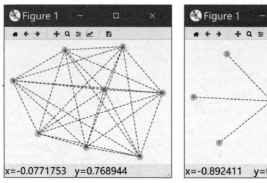 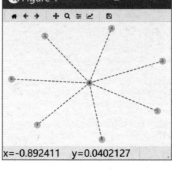

图 5.8 最小生成树

在代码清单 5.12 中，g_data 变量定义了加权图（也称为网）的数据。内部的自定义函数 draw（g）负责绘制网。

5.2 网络模型

5.2.1 网络模型概述

上一节主要介绍图的局部结构，这一节介绍图的整体结构。按照图中边的数量和分布，图可以分为完全图、规范图、二分图和平面图。

（1）完全图是指图中任意 2 个节点之间都存在边。一个具有 n 个节点的无向完全图，它的边的数量是 $\frac{1}{2}n(n-1)$。

（2）规范图是指图中每个节点具有相同的度。例如，环是最简单的规范图，其中每个节点的度均为 2。

（3）二分图是将图中的节点分为 2 组，任何一条边上的 2 个邻接节点必须包含在不同的组中，即同一个组中的任意 2 个节点不存在边。

（4）树是指不存在环的图。如果树中有 n 个节点，则只能有 $n-1$ 条边。包含多个树的图称为森林。

（5）平面图是指能够将所有节点放置在平面上，可以保证没有边交叉的图。树、简单路径、环等都是平面图。

我们可能会在不同的情况下构建不同的网络模型。例如，当我们需要模拟通行方案时，我们会建立以边为主导的模型；如果我们还要考虑交通的负载能力，就需要考虑带权重的边，即网络模型；如果需要研究城市的水、电、暖的供应问题，则需要建立多重边网络模型。例如，以下实际问题，可以考虑使用不同的网络模型。

- 家族树与族谱。
- 食品品种网络。
- 道路与交叉路口。
- 网页与链接。
- 朋友关系。
- 婚姻与两性。
- 高中生与大学申请。
- 电子邮件与协同工作。
- 社交媒体（QQ，微信，微博）。
- 病毒传播模型。

5.2.2 网络建模

在现实世界中存在的网络通常是自然形成的，由于形成环境和形成机制不同，网络具有不同的特征。网络特征也是网络复杂性的标志。NetworkX 提供了 4 种常见网络的建模方法，分别是规范图、随机图、小世界网络和无标度网络。

1. 规范图

按上节定义，规范图是具有最简单的拓扑结构的网络。代码清单 5.13 中，函数 random_regular_graph（n，m）生成一个规范图，其中参数 n 为节点的度，m 为节点数。运行代码清单 5.13 生成节点数为 20、节点的度为 3 的规范图，如图 5.9 所示。

代码清单 5.13　规范图

```
from pylab import *
import networkx as nx
RG = nx.random_graphs.random_regular_graph(3,20)
nx.draw(RG, node_size = 30)
show()
```

2. 随机图

在随机图中，每个节点依某个概率与其他节点建立连接。代码清单 5.14 中，函数 erdos_renyi_graph（n，p）可以生成一个随机图，其中参数 n 表示图的节点数，p 表示连接概率。运行代码清单 5.14 生成节点数为 20、边的连接概率为 0.2 的随机图，如图 5.10 所示。

代码清单 5.14　随机图

```
from pylab import *
import networkx as nx
ER = nx.erdos_renyi_graph(20,0.2)
nx.draw(ER, node_size = 30)
show()
```

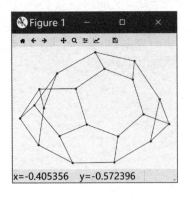
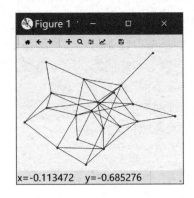

图 5.9　规范图　　　　　　图 5.10　随机图

3. 小世界网络

小世界网络是一类被广泛研究的网络,其特征将在 5.4 节复杂动态网络模型中详解。小世界网络可以暂时理解为规范图和随机图的结合。代码清单 5.15 中,函数 watts_strogatz_graph(n, m, p)可以生成小世界网络,其中参数 n 表示图的节点数,参数 m 表示平均度数,p 是连接概率。运行代码清单 5.15 生成节点数为 20、平均度数为 4、连接概率为 0.3 的小世界网络,如图 5.11 所示。

代码清单 5.15　小世界网络

```
from pylab import *
import networkx as nx
WS = nx.watts_strogatz_graph(20, 4, 0.3)
nx.draw(WS, node_size = 30)
show()
```

4. 无标度网络

无标度网络同样在 5.4 节复杂动态网络模型中详解,这里先给出示例。代码清单 5.16 中,函数 barabasi_albert_graph(n, m)生成一个无标度网络,其中参数 n 和 m 表示初始有 m 个节点,其余(n−m)个节点逐一加入网络,加入网络时从网络中依概率选择 m 个节点进行连接。运行代码清单 5.16 生成一个拥有 20 个节点、每个节点加入时选择 1 个节点进行连接的无标度网络,如图 5.12 所示。

代码清单 5.16　无标度网络

```
from pylab import *
import networkx as nx
BA = nx.barabasi_albert_graph(20, 1)
nx.draw(BA, node_size = 30)
show()
```

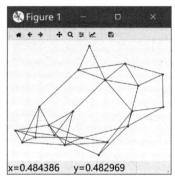
图 5.11　小世界网络

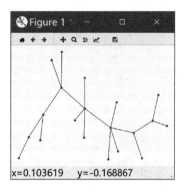
图 5.12　无标度网络

5.2.3　网络可视化布局

在平面上绘制图形时可以使用各种页面布局，当图的节点和边的数量很大时，不同的平面布局可导致不同的观感。例如，我们通常希望边尽可能少的交叉，两个邻接节点之间的位置尽量接近，这样画出的边可以尽量短。为了使图的整体看上去清晰，节点的空间布局非常重要。由于图的拓扑性质不同，为适合不同拓扑性质的图建立了各种布局方案。图属于高维数据，高维数据的可视化是模型仿真的一个重要方面。

在代码清单 5.17 中，我们选了一个俱乐部社团成员关系图 karate_club_graph()，其中有 34 位成员，他们之间通过关系组成了社团。通过 4 个函数 draw_random（g）、draw_circular（g）、draw_spectral（g）和 draw_shell（g，nlist = shells）分别绘制了 4 种布局：random 布局、circular 布局、spectral 布局和 shell 布局。其中，spectral 布局需要指定内环节点组和外环节点组。如图 5.13 所示，从左到右、从上到下分别是 random 布局、circular 布局、spectral 布局和 shell 布局。其中，shell 布局要求明确指出内、外各环的节点序列。

代码清单 5.17　网络的各种布局

```
from pylab import *
import networkx as nx
g = nx.karate_club_graph()
subplot(2, 2, 1)
nx.draw_random(g)
title('random layout')
subplot(2, 2, 2)
nx.draw_circular(g)
title('circular layout')
subplot(2, 2, 3)
nx.draw_spectral(g)
title('spectral layout')
subplot(2, 2, 4)
shells = [[0, 1, 2, 32, 33],
          [3, 5, 6, 7, 8, 13, 23, 27, 29, 30, 31],
```

(续)

```
        [4, 9, 10, 11, 12, 14, 15, 16, 17, 18,
        19, 20, 21, 22, 24, 25, 26, 28]]
nx.draw_shell(g, nlist = shells)
title('shell layout')
show()
```

在代码清单 5.17 中,俱乐部社团成员关系图 karate_club_graph( ) 是一个真实的关系图。我们也可以通过函数生成各种随机图。在代码清单 5.18 中,函数 gnm_random_graph (n,m) 生成 n 个节点、m 条边的随机图;函数 gnp_random_graph (n,p) 生成 n 个节点、节点之间存在边的概率为 p 的随机图;函数 random_regular_graph (3,10) 生成 10 个节点、每个节点随机连接 3 个邻节点的随机图;函数 random_degree_sequence_graph (list) 可通过 list 参数提供每个节点度,建立随机图,如图 5.14 所示。由于各种随机图的整体特征不同,所以可以满足不同的实验需求。

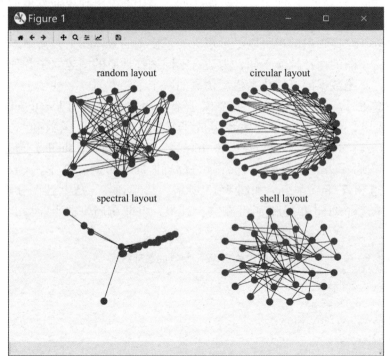

图 5.13 网络的可视化布局

扫码看彩图

代码清单 5.18　4 种不同的随机图

```
from pylab import *
import networkx as nx
subplot(2, 2, 1)
nx.draw(nx.gnm_random_graph(10, 20))
title('random graph with \n10 nodes, 20 edges')
subplot(2, 2, 2)
```

(续)

```
nx.draw(nx.gnp_random_graph(20, 0.1))
title('random graph with \n 20 nodes, 10% edge probability')
subplot(2, 2, 3)
nx.draw(nx.random_regular_graph(3, 10))
title('random regular graph with \n10 nodes of degree 3')
subplot(2, 2, 4)
# 每个顶点提供度的个数
nx.draw(nx.random_degree_sequence_graph([3,3,3,3,4,4,4,4,5,5]))
title('random graph with \n degree sequence \n[3,3,3,3,4,4,4,4,5,5]')
show()
```

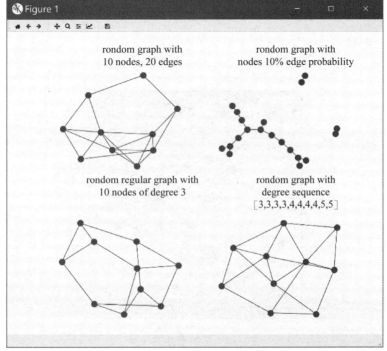

图 5.14 4 种不同的随机图

扫码看彩图

5.3 图和网络的特征

图模型和网络模型通常是复杂系统模型，本节将介绍图模型和网络模型的常用特征，包括图的密度、网络的平均最短路径长度、节点的偏离度、节点的中心率、互联网的PageRank、图的核心数、图的度分布、网络的群集化系数等。

5.3.1 图的密度

图的密度是衡量图中边的相对数量的，是介于 0 和 1 之间的实数，越接近 0 密度越

低,越接近1密度越高,定义如下:

$$\frac{m}{\frac{1}{2}n(n-1)}$$

其中,m 为边的数量;n 为节点数量。

代码清单 5.19 计算了图的密度指标,如图 5.15 所示,图 karate_club_graph 的密度为 0.139037433155。

代码清单 5.19　图的密度指标

```
from pylab import *
import networkx as nx
g = nx.karate_club_graph()
nx.draw(g)
print(nx.density(g))
show()
```

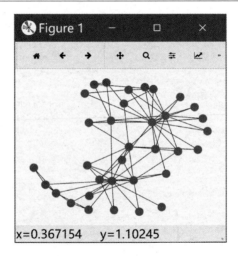

图 5.15　图的密度的计算

代码清单 5.20 展示不同网络密度的图,边的连接概率分别是 (1, 0.0001)、(2, 0.001)、(3, 0.01)、(4, 0.1),如图 5.16 所示。

代码清单 5.20　不同密度的图

```
from pylab import *
import networkx as nx
for i, p in [(1, 0.0001), (2, 0.001), (3, 0.01), (4, 0.1)]:
    subplot(1, 4, i)
    title('p = ' + str(p))
    g = nx.erdos_renyi_graph(100, p)
    nx.draw(g, node_size = 10)
show()
```

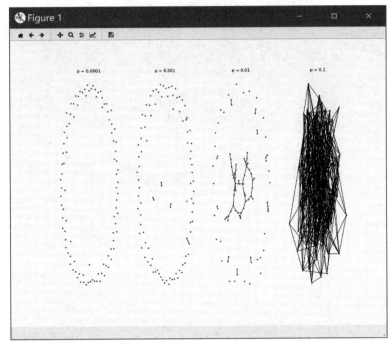

图 5.16　不同图的密度指标

扫码看彩图

5.3.2　网络的平均最短路径长度

代码清单 5.21 是图 karate_club_graph 的 <16，25> 的两顶点之间的最短路径 [16，5，0，31，25]，路径长度为 4，如图 5.17 所示。

代码清单 5.21　最短路径长度

```
from pylab import *
import networkx as nx
g = nx.karate_club_graph()
print(nx.shortest_path_length(g, 16, 25))
print(nx.shortest_path(g, 16, 25))
positions = nx.spring_layout(g)
path = nx.shortest_path(g, 16, 25)
edges = [(path[i], path[i+1]) for i in range(len(path) - 1)]
nx.draw_networkx_edges(g, positions, edgelist = edges,
edge_color = 'r', width = 10)
nx.draw(g, positions, with_labels = True)
show()
```

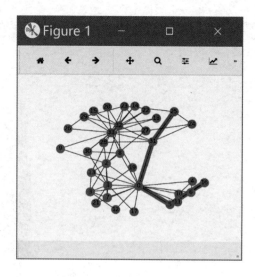

图 5.17 两点间最短路径

定义平均最短路径长度：

$$L = \frac{\sum_{i,j} d(i \to j)}{n(n-1)}$$

具有平均最短路径长度的图必须是连通图。其中，n 为图的节点数；分母是 n 个节点的完全图的边数；$d(i \to j)$ 表示节点 i 到节点 j 的最短路径。

5.3.3 节点的偏离度

本节定义偏离度的概念，由此引出网络直径和半径、网络的中心节点和边缘节点等概念。这些概念分别表示了网络的特征，在分析网络模型时非常有用。

一个节点的偏离度表示该节点远离其他节点的程度，定义为：

$$\varepsilon(i) = \max_j d(i \to j)$$

其中，$d(i \to j)$ 表示节点 i 到节点 j 的最短路径；j 是任何一个节点。该指标表示节点 i 到其他节点的最长的最短路径。

由此，网络直径定义为：

$$D = \max_i \varepsilon(i)$$

网络直径 D 表示网络中偏离度最大的节点的偏离度，即最长的最短路径。

定义网络半径为：

$$R = \min_i \varepsilon(i)$$

即最小偏离度节点的最长的最短路径。

偏离度最小的节点集合称为网络的中心节点，偏离度最大的节点集合称为网络的边缘节点。代码清单 5.22 计算图 karate_club_graph 的各项指标，函数 nx. average_shortest_path_length ( ) 计算平均最短路径，函数 eccentricity ( ) 计算所有节点的偏离度，函数 diameter ( ) 计算网络的直径，函数 radius (g) 计算网络的半径，函数 periphery ( ) 返回所有边缘节点，函数 center (g) 返回所有中心节点。

代码清单 5.22 的输出结果如下：

平均最短路径长度：2.408199643493761

直径：5

半径：3

节点的偏离度：

{0：3，1：3，2：3，3：3，4：4，5：4，6：4，7：4，8：3，9：4，10：4，11：4，12：4，13：3，14：5，15：5，16：5，17：4，18：5，19：3，20：5，21：4，22：5，23：5，24：4，25：4，26：5，27：4，28：4，29：5，30：4，31：3，32：4，33：4}

边缘节点：

[14，15，16，18，20，22，23，26，29]

中心节点：

[0，1，2，3，8，13，19，31]

代码清单 5.22 网络的直径、半径、边缘节点和中心节点，节点的偏离度

```
import networkx as nx
g = nx.karate_club_graph()
print('平均最短路径长度:',nx.average_shortest_path_length(g))
print('直径:',nx.diameter(g))
print('半径:',nx.radius(g))
print('节点的偏离度:')
print(nx.eccentricity(g))
print('边缘节点:',nx.periphery(g))
print('中心节点:',nx.center(g))
```

5.3.4 节点的中心率

节点的中心率定义为：

$$C_D(i) = \frac{\deg(i)}{n-1}$$

其中，$\deg(i)$ 表示第 i 节点的度。节点的中心率是节点的度与节点最大可能边数量的比率，即节点度的密度。

节点的近中心率定义为：

$$C_C(i) = \left(\frac{\sum_j d(i-j)}{n-1}\right)^{-1}$$

节点的近中心率是节点 i 到其余节点平均最短距离的倒数，其值在（0，1）范围之内，值越大说明所有节点到该节点的距离越近，等于 1 表示所有节点到该节点只有一步之遥。

节点的相间中心率定义为：

$$C_B(i) = \frac{1}{(n-1)(n-2)} \sum_{j \neq i, j \neq k} \frac{N_{\text{sp}(j-k)}(i)}{N_{\text{sp}(j-k)}}$$

节点的相间中心率是指在所有的 2 个节点之间的最短路径中，经过节点 i 的数量的比率。其中，

$N_{\mathrm{sp}(j-k)}$ 表示所有 2 个节点之间的最短路径；$N_{\mathrm{sp}(j-k)}(i)$ 表示所有经过节点 i 的最短路径。

5.3.5 互联网的 PageRank

一个页面的"得票数"由所有链向它的页面的重要性来决定，到一个页面的超链接相当于给该页面投一票。一个页面的 PageRank 是由所有链向它的页面（链入页面）的重要性经过递归算法得到的。一个有较多链入的页面会有较高的等级；相反如果一个页面没有任何链入页面，那么它没有等级。

$$\mathrm{PR}(i) = \frac{1-d}{n} + d \sum_{j \in M(i)} \frac{\mathrm{PR}(j)}{L(j)}$$

其中，$\mathrm{PR}(i)$ 表示页面 i 的 PageRank 值，i 是图中第 i 节点；n 表示所有页面的数量，即图的节点数；$M(i)$ 表示链入页面 i 的网页集合，即所有弧头是 i 的弧尾节点集合；$L(j)$ 表示节点 j 连接的节点数量，或者网页 j 链出网页的数量；d 是阻尼系数，表示用户到达某页面后随机跳到新 URL 的概率；$(1-d)$ 表示用户停止单击，驻留在网页上浏览的概率。

Google 设置 $d=0.85$。运行代码清单 5.23 可以计算节点的中心率、相间中心率、近中心率和特征向量中心率。

代码清单 5.23　PageRank

```
import networkx as nx
g = nx.karate_club_graph()
print('节点的中心率:')
print(nx.degree_centrality(g))
print('节点的相间中心率:')
print(nx.betweenness_centrality(g))
print('节点的近中心率:')
print(nx.closeness_centrality(g))
print('特征向量中心率:')
print(nx.eigenvector_centrality(g))
print('pagerank:')
print(nx.pagerank(g))
```

代码清单 5.23 的输出结果：

节点的中心率：

{0：0.4848484848484486，1：0.2727272727272727，2：0.30303030303030304，3：0.18181818181818182，4：0.09090909090909091，5：0.12121212121212122，6：0.12121212121212122，7：0.12121212121212122，8：0.15151515151515152，9：0.06060606060606061，10：0.09090909090909091，11：0.030303030303030304，12：0.06060606060606061，13：0.15151515151515152，14：0.06060606060606061，15：0.06060606060606061，16：0.06060606060606061，17：0.06060606060606061，18：0.06060606060606061，19：0.09090909090909091，20：0.06060606060606061，21：0.06060606060606061，22：0.06060606060606061，23：0.15151515151515152，24：0.09090909090909091，25：0.09090909090909091，26：0.06060606060606061，27：0.12121212121212122，28：0.09090909090909091，29：0.12121212121212122，30：

0.12121212121212122, 31: 0.18181818181818182, 32: 0.36363636363636365, 33: 0.5151515151515151}

节点的相间中心率:

{0: 0.43763528138528146, 1: 0.053936688311688304, 2: 0.14365680615680618, 3: 0.011909271284271283, 4: 0.0006313131313131313, 5: 0.02998737373737374, 6: 0.029987373737373736, 7: 0.0, 8: 0.05592682780182781, 9: 0.0008477633477633478, 10: 0.0006313131313131313, 11: 0.0, 12: 0.0, 13: 0.04586339586339586, 14: 0.0, 15: 0.0, 16: 0.0, 17: 0.0, 18: 0.0, 19: 0.03247504810004811, 20: 0.0, 21: 0.0, 22: 0.0, 23: 0.017613636363636363, 24: 0.0022095959595959595, 25: 0.0038404882154882154, 26: 0.0, 27: 0.02233345358345358, 28: 0.0017947330447330447, 29: 0.0029220779220779218, 30: 0.014411976911976909, 31: 0.13827561327561325, 32: 0.145247113997114, 33: 0.30407497594997596}

节点的近中心率:

{0: 0.5689655172413793, 1: 0.4852941176470588, 2: 0.559322033898305, 3: 0.4647887323943662, 4: 0.3793103448275862, 5: 0.38372093023255816, 6: 0.38372093023255816, 7: 0.44, 8: 0.515625, 9: 0.4342105263157895, 10: 0.3793103448275862, 11: 0.36666666666666664, 12: 0.3707865168539326, 13: 0.515625, 14: 0.3707865168539326, 15: 0.3707865168539326, 16: 0.28448275862068967, 17: 0.375, 18: 0.3707865168539326, 19: 0.5, 20: 0.3707865168539326, 21: 0.375, 22: 0.3707865168539326, 23: 0.39285714285714285, 24: 0.375, 25: 0.375, 26: 0.3626373626373626, 27: 0.4583333333333333, 28: 0.4520547945205479, 29: 0.38372093023255816, 30: 0.4583333333333333, 31: 0.5409836065573771, 32: 0.515625, 33: 0.55}

特征向量中心率:

{0: 0.3554834941851943, 1: 0.2659538704545025, 2: 0.31718938996844476, 3: 0.2111740783205706, 4: 0.07596645881657382, 5: 0.07948057788594247, 6: 0.07948057788594247, 7: 0.17095511498035434, 8: 0.2274050914716605, 9: 0.10267519030637758, 10: 0.07596645881657381, 11: 0.05285416945233648, 12: 0.08425192086558088, 13: 0.22646969838808148, 14: 0.10140627846270832, 15: 0.10140627846270832, 16: 0.023634794260596875, 17: 0.09239675666845953, 18: 0.10140627846270832, 19: 0.147913400076186 67, 20: 0.10140627846270832, 21: 0.09239675666845953, 22: 0.10140627846270832, 23: 0.15012328691726787, 24: 0.05705373563802805, 25: 0.05920820250279008, 26: 0.07558192219009324, 27: 0.13347932684333308, 28: 0.13107925627221215, 29: 0.13496528673866567, 30: 0.17476027834493085, 31: 0.19103626979791702, 32: 0.3086510477336959, 33: 0.373371213013235}

pagerank:

{0: 0.09700181758983709, 1: 0.05287839103742701, 2: 0.057078423047636745, 3: 0.03586064322306479, 4: 0.02179406974834498, 5: 0.02911334166344221, 6: 0.02911334166344221, 7: 0.024490758039509182, 8: 0.029765339186167028, 9:

0.014308950284462801,10：0.021979406974834498,11：0.009564916863537148,12：0.014645186487916191,13：0.029536314977202986,14：0.014535161524273825,15：0.014535161524273825,16：0.016785378110253487,17：0.014558859774243493,18：0.014535161524273825,19：0.019604416711937293,20：0.014535161524273825,21：0.014558859774243493,22：0.014535161524273825,23：0.03152091531163228,24：0.021075455001162945,25：0.021005628174745786,26：0.015043395360629753,27：0.025638803528350497,28：0.01957296050943854,29：0.02628726283711208,30：0.02458933653429248,31：0.03715663592267942,32：0.07169213006588289,33：0.1009179167487121}

5.3.6 图的核心数

核心数反映了一个图的内核，经过迭代不断删除节点度最小的节点，最后剩下的节点的度都必须大于等于 K，由此构成的子图是该图的 K-核子图。一个图的 K-核子图包含核心数不小于 K 的节点和边。函数 core_number（）计算每个节点的核心数，其中最大的核心数是整个图的核心数。

运行代码清单 5.24，计算图 karate_club_graph 的核心数为 4。

代码清单 5.24 图的核心数

```
from pylab import *
import networkx as nx
g = nx.karate_club_graph()
print(nx.core_number(g))
nx.draw(nx.k_core(g), with_labels = True)
show()
```

图 5.18 是代码清单 5.24 的输出结果，并输出以下数据：

{0：4,1：4,2：4,3：4,4：3,5：3,6：3,7：4,8：4,9：2,10：3,11：1,12：2,13：4,14：2,15：2,16：2,17：2,18：2,19：3,20：2,21：2,22：2,23：3,24：3,25：3,26：2,27：3,28：3,29：3,30：4,31：3,32：4,33：4}

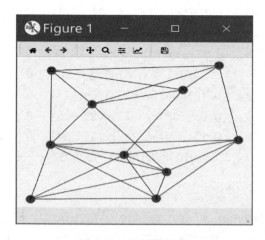

图 5.18 图的核心数

5.3.7 图的度分布

度分布是图中全部节点的度的概率分布，定义为：
$$P(k) = \frac{|\{i \mid \deg(i) = k\}|}{n}$$

其中，$P(k)$ 表示度为 k 的节点的概率；n 为节点总数；$\deg(i)$ 表示节点 i 的度。运行代码清单 5.25 输出图 karate_club_graph 的度分布直方图，如图 5.19 所示。

代码清单 5.25　图的度分布

```
from pylab import *
import networkx as nx
g = nx.karate_club_graph()
d = dict(g.degree())
print(d.values())
hist(d.values(), bins = 20)
show()
```

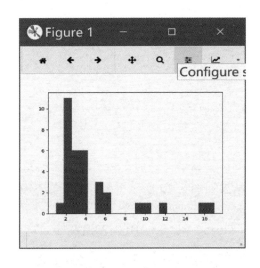

图 5.19　度分布直方图

度的累计分布函数定义为：
$$F(k) = \sum_{k'}^{\infty} P(k')$$

其中，$F(k)$ 表示节点的度大于等于 K 的概率。

一个非常著名且有趣的现象是，无标度网络的度的累计分布函数满足能量分布法则。所谓能量分布也叫幂律分布，在笛卡儿坐标系下是"长尾"分布，在对数坐标系中呈直线。指数分布可以表示为如下公式：
$$F(k) = \frac{\alpha}{r-1} k^{-(r-1)}$$

其中，α、r 为常量，是幂律分布参数。

运行代码清单5.26生成了一个10000个节点、新节点链入数为5的无标度网络。首先计算节点度的分布，然后用linregress（）函数线性拟合计算参数。

代码清单5.26　无标度网络的幂律分布

```
from pylab import *
import networkx as nx
from scipy import stats as st
n = 10000
ba = nx.barabasi_albert_graph(n, 5)
Pk = [float(x) / n for x in nx.degree_histogram(ba)]
domain = range(len(Pk))
ccdf = [sum(Pk[k:]) for k in domain]
logkdata = []
logFdata = []
prevF = ccdf[0]
for k in domain:
    F = ccdf[k]
    if F != prevF:
        logkdata.append(log(k))
        logFdata.append(log(F))
        prevF = F
a, b, r, p, err = st.linregress(logkdata, logFdata)
print('Estimated CCDF: F(k) =', exp(b), '* k^', a)
plot(logkdata, logFdata, 'o')
kmin, kmax = xlim()
plot([kmin, kmax],[a * kmin + b, a * kmax + b])
xlabel('log k')
ylabel('log F(k)')
show()
```

代码清单5.26的运行结果如图5.20所示，幂律分布参数如下：

Estimated CCDF：
F(k) = 21.072397016886452 * k^ -1.9100133812879327

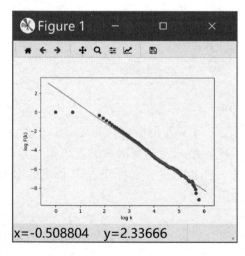

图5.20　无标度网络的幂律分布

扫码看彩图

5.3.8 网络群集化系数

网络中某些节点集合内部的联系大大超过与网络中其余部分的联系,这些节点集合具有明显的边界,我们称这个集合为群集。依据不同的定义,群集可以有交集也可以无交集。

如果将一个图进行一个群集划分,在这个划分下图的群集化系数定义为:

$$Q = \frac{|E_{in}| - <|E_{in}|>}{|E|}$$

其中,分子部分的第一项为所有群集内部的边;第二项为群集内部边数量的数学期望,即群集的规模(节点数量)在平均程度上应该拥有的边数;分母为整个网络的边数。

Louvain 社区划分算法可以将一个图划分为社区集合,群集之间没有交集。Louvain 社区划分算法进行如下的迭代步骤,算法的目标是不断最大化网络整体的群集化系数。

(1) 开始,每个节点自己构成一个社区集合,即每个群集只有一个节点,整个图的群集数量等于节点数量。

(2) 每个节点比较它的每个邻居,考虑假如加入了邻居群集,是否可以增加整个图的群集化系数,选择增值最大的邻居群集加入(仅当存在增值的邻居群集时才选择加入)。重复这一过程直到没有变动为止。

(3) 将步骤(2)得到的网络转换为一个新的高层元节点网络,通过将其中的群集整合为一个元节点,群集内部的边成为加权的 self-loop_edge,该群集到其他群集的边也根据数量变成加权边。

(4) 重复上述(2)、(3)步骤,直到图的群集化系数不再增加。

代码清单 5.27 对图 karate_club_graph 进行了群集划分,划分出 3 个群集,群集化系数为 0.4151051939513477。

代码清单 5.27　群集化系数

```
import networkx as nx
import community as comm
g = nx.karate_club_graph()
bp = comm.best_partition(g)
md = comm.modularity(bp, g)
print(bp)
print(md)
```

代码清单 5.27 的运行结果如下:
{0: 0, 1: 0, 2: 0, 3: 0, 4: 1, 5: 1, 6: 1, 7: 0, 8: 2, 9: 2, 10: 1, 11: 0, 12: 0, 13: 0, 14: 2, 15: 2, 16: 1, 17: 0, 18: 2, 19: 0, 20: 2, 21: 0, 22: 2, 23: 2, 24: 3, 25: 3, 26: 2, 27: 2, 28: 3, 29: 2, 30: 2, 31: 3, 32: 2, 33: 2}
0.4151051939513477

群集划分问题有着广泛应用,为深入理解图的群集算法,读者可以操作和思考以下问题。

(1) 将 Karate Club 的不同群集用不同颜色标注显示。

(2) 用网站(http://www-personal.umich.edu/~mejn/netdata/)上的大型图,研究

Louvain 社区划分算法。

（3）做一个"群集检测算法"的简短研究，总结还有哪些算法，并利用 Karate Club Graph 检验算法。

5.4 复杂动态网络模型

在学习了网络模型和计算机网络建模的基础上，我们可以开始研究各种复杂动态网络模型。网络模型的节点、边及时间演进序列方面，存在很大差别，为此我们将网络分为静态网络和动态网络。

（1）静态网络的节点不会消失，动态网络的节点可以随机或有规律地出现或消失。

（2）静态网络的边永远处于功能状态，动态网络的边会随机或有规律地出现或消失。

由于动态网络的属性随时间变化，可进一步将动态网络分为同步网络和异步网络。

（1）同步网络所有节点有统一时钟，异步网络没有统一时钟。

（2）同步网络信息在一个单位时间内传递。

按照随机动态性，动态网络的行为有瞬时动态性和连续动态性。

（1）瞬时动态性是指网络经过短时间动态调整后可以进入稳定状态。

（2）连续动态性是指网络始终处于变化过程中。

从网络控制方面看，动态网络分为对抗网络、博弈网络和随机网络。动态网络是随处可见的，如互联网、交通、社群、生态等。

按照动态特征，动态网络模型可以分为以下 3 类。

（1）第 1 类动态网络模型是传统动力系统模型的最自然的延伸，网络拓扑在整个时间内是固定的，节点的状态和边的权值随时间动态变化，如元胞自动机、布尔网络和多数人工神经网络等。

（2）第 2 类动态网络模型是指网络拓扑结构随时间动态变化的网络模型。这类模型专门研究网络拓扑结构对网络的可靠性、稳健性和脆弱性的影响，设计改进某些网络拓扑的机制以提高网络性能。这一方面的网络动态研究是当今网络科学中一个特别热门的话题。

（3）第 3 类动态网络动态模型是自适应网络模型。自适应网络模型是描述网络上动态协同演化的模型，模型中节点状态和网络拓扑动态地、相互自适应地变化。自适应网络模型试图统一不同的动态网络模型，为复杂系统提供通用建模框架，因为许多真实世界的系统都表现出这种自适应网络行为。

基于 Python 的 PyCX 项目可以便捷和高效地实现复杂动态网络的建模和仿真，包括迭代映射、元胞自动机、动态网络和基于主体的模型等。本节的若干实例是在 PyCX 环境下进行建模和仿真。更多的案例见参考文献 15。

5.4.1 拓扑结构不变的动态网络模型

在现实世界中，很多网络模型属于第 1 类动态网络模型，其拓扑结构不随时间而变化，包括如下几种。

- 细胞内基因和蛋白质之间的调节关系，其中节点是基因和蛋白质，节点状态是它们的表现程度。
- 生态系统中物种之间的生态相互作用，其中节点是物种，节点状态是它们的种群。

- 社交网络上的疾病感染，其中节点是个体，节点状态是它们的流行病感染状态（例如，易感状态、感染状态、恢复状态和免疫状态等）。
- 组织或社交网络上的信息或文化传播，其中节点是个人或社区，节点状态是其信息或文化状态。

这类网络的建模方法与元胞自动机非常相似，有如下几个要点。

（1）节点代表个体，边代表个体之间的联系。

（2）节点的值代表个体的状态，最简单的是 0 和 1。

（3）个体受到其他个体的影响，通过节点与邻居互动实现。

（4）初始状态可以随机。

（5）节点状态更新一般是在一个时间单位内完成。

1. 多数派模型

网络中节点的状态代表个体的"意见"，最简单的情况是"同意"和"反对"。多数派规则是指每个节点根据邻接节点的"意见"决定自己的"意见"，少数服从多数。

代码清单 5.28 为多数派模型，每个节点根据邻接节点的状态决定自己的状态。通过定义 3 个函数：初始化函数 initialize() 随机地将案例图中的 34 个节点分成两种状态（'state'）"1"和"0"；函数 observe() 显示图的各个节点状态；函数 update() 动态更新每个节点的状态，更新的依据是按照"多数派规则"，统计邻接节点的状态和数量，调整自己的状态。3 个函数在 PyCX 环境下通过 pycxsimulator.GUI().start() 动态模拟整个网络的演化过程。

代码清单 5.28　多数派模型

```python
import matplotlib
matplotlib.use('TkAgg')
from pylab import *
import networkx as nx
def initialize():
    global g, nextg
    g = nx.karate_club_graph()
    g.pos = nx.spring_layout(g)
    for i in g.nodes_iter():
        g.node[i]['state'] = 1 if random() < .5 else 0
    nextg = g.copy()
def observe():
    global g, nextg
    cla()
    nx.draw(g, cmap = 'seismic', vmin = 0, vmax = 1,
            node_color = [g.node[i]['state'] for i in g.nodes_iter()], pos = g.pos)
def update():
    global g, nextg
    for i in g.nodes_iter():
        count = g.node[i]['state']
        for j in g.neighbors(i):
            count += g.node[j]['state']
        ratio = count / (g.degree(i) + 1.0)
        nextg.node[i]['state'] = 1 if ratio > .5 \
```

```
                              else 0 if ratio < .5 \
                              else 1 if random() < .5 else 0
            g, nextg = nextg, g
import pycxsimulator
pycxsimulator.GUI().start(func=[initialize, observe, update])
```

代码清单 5.28 的输出结果：网络节点状态经过一段时间的动态调整，最终稳定在如图 5.21 所示的状态，两种颜色代表不同的意见。

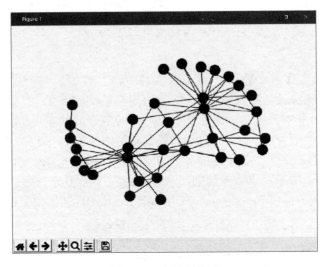

图 5.21 多数派模型

扫码看彩图

可以简单修改多数派规则，节点不是确定性地按照"多数派规则"选择状态，而是依概率选择状态。例如，一个节点的邻接节点总数为 n，其中 m 个节点状态为"1"，$(n-m)$ 个节点状态为"0"，则该节点在下一次迭代中的状态是概率 $p=n/m$ 为状态"1"，概率 $(1-p)$ 为状态"0"。读者有兴趣可以用蒙特卡洛模拟，统计这个动态模型经过多少次迭代达到稳定状态。

这个动态网络模型的规则还可以做如下进一步的修改。

(1) 不是听从多数派意见，而是反过来听从少数派意见。

(2) 如果邻居中超过 $x\%$ 的节点与自己的意见一致，就保持状态不变。

我们在建立实际模型时，将不同的情况抽象为规则，引入新的规则，通过建模和仿真观察网络的动态行为。

2. 选举模型

选举模型与多数派模型有相似之处，网络节点代表选民，选民的投票受到社交网络中邻接节点的影响。所不同的是影响过程是异步的，每次影响只发生在一条边上，这里又分为以下 3 种情况。

(1) "接收者"版本：在网络中随机选择一个意见"接收者"，然后从"接收者"的邻居中随机选择一个意见"推送者"。

(2) "推送者"版本：在网络中随机选择一个意见"推送者"，然后从"推送者"的邻居中随机选择一个意见"接收者"。

(3)对称版:首先在网络中随机选择一条边,然后随机选择边的两个邻接节点,一个是"接收者",一个是"推送者"。

上述 3 种情况在不同的网络拓扑结构中可能导致很大的差异。例如,在一个无标度网络结构中,拥有众多"粉丝"的"推送者",即依附于该节点的边比其他节点多很多,这样的节点被推送的概率大大高于其他节点,这样采用不同的更新状态方案对结果会产生很大影响。

代码清单 5.29 按照"接收者"版本生成选举模型,结果是整个网络全体成员达成一致意见,输出结果如图 5.22 所示。

代码清单 5.29 选举模型

```
import matplotlib
matplotlib.use('TkAgg')
from pylab import *
import networkx as nx
import random as rd
def initialize():
    global g
    g = nx.karate_club_graph()
    g.pos = nx.spring_layout(g)
    for i in g.nodes_iter():
        g.node[i]['state'] = 1 if random() < .5 else 0
def observe():
    global g
    cla()
    nx.draw(g, cmap = 'seismic', vmin = 0, vmax = 1,
            node_color = [g.node[i]['state'] for i in g.nodes_iter()],
            pos = g.pos)
def update():
    global g
    listener = rd.choice(g.nodes())
    speaker = rd.choice(g.neighbors(listener))
    g.node[listener]['state'] = g.node[speaker]['state']
import pycxsimulator
pycxsimulator.GUI().start(func = [initialize, observe, update])
```

3. 流行病传播模型

在一个社会网络中,个人处于"未感染"和"感染"两种状态。在一次迭代过程中,节点如果处于"未感染"状态,它会依概率 $1-P_1$ 成为"感染"状态,或者依概率 P_1 保持"未感染"状态;节点如果处于"感染"状态,它会依概率 P_2 保持"感染"状态,或者依概率 $1-P_2$ 恢复为"未感染"状态。传染病模型状态转换如图 5.23 所示。在代码清单 5.30 中有 2 个重要参数:infection probability 和 recovery probability,修改这 2 个参数,观察模型的动态数据,分析其产生的影响。选择一个较大的随机网络或其他拓扑结构的网络(如小世界网络),研究疾病的蔓延与终止行为。图 5.24 是代码清单 5.30 的运行结果,是病毒传播模型的动态截图。

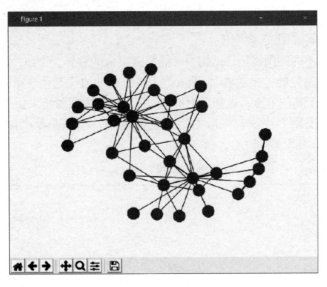

图 5.22 选举模型

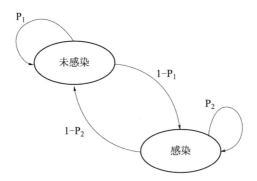

图 5.23 传染病模型状态转换图

代码清单 5.30　流行病传播模型

```
import matplotlib
matplotlib.use('TkAgg')
from pylab import *
import networkx as nx
import random as rd
def initialize():
    global g
    g = nx.karate_club_graph()
    g.pos = nx.spring_layout(g)
    for i in g.nodes_iter():
        g.node[i]['state'] = 1 if random() < .5 else 0
def observe():
    global g
    cla()
    nx.draw(g, cmap = 'seismic', vmin = 0, vmax = 1,
        node_color = [g.node[i]['state'] for i in g.nodes_iter()],
```

```
            pos = g.pos)
p_i = 0.5 # infection probability
p_r = 0.5 # recovery probability
def update():
    global g
    a = rd.choice(g.nodes())
    if g.node[a]['state'] == 0: # if susceptible
        b = rd.choice(g.neighbors(a))
        if g.node[b]['state'] == 1: # if neighbor b is infected
            g.node[a]['state'] = 1 if random() < p_i else 0
    else: # if infected
        g.node[a]['state'] = 0 if random() < p_r else 1
import pycxsimulator
pycxsimulator.GUI().start(func=[initialize, observe, update])
```

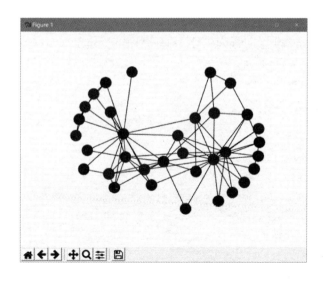

图 5.24 病毒传播模型动态截图

4. 网络扩散模型

扩散过程是由热力学第二定律决定的，在自然界中广泛存在，如热扩散现象、分子扩散运动等。最简单的网络扩散模型是这样的：节点的状态是一个连续的随机变量，节点颜色代表节点的状态（0 和 1 之间），节点更新规则依据流体力学的 Laplacian 算子。

$$c_i(t + \Delta t) = c_i(t) + \{\alpha \sum_{j \in N_i}[c_j(t) - c_i(t)]\}\Delta t$$

代码清单 5.31 的运行结果是一个动态过程，在初始状态每个节点的颜色各不相同，随着时间推移，所有节点的颜色趋于一致。如图 5.25 所示的动态截图，网络扩散模型在一段时间之后达到均衡状态，每个节点取值相同。

代码清单5.31 网络扩散模型

```
DG = nx.DiGraph([(1,2),(2,3)])
list(reversed(list(nx.topological_sort(DG))))
import matplotlib
matplotlib.use('TkAgg')
from pylab import *
import networkx as nx
def initialize():
    global g, nextg
    g = nx.karate_club_graph()
    g.pos = nx.spring_layout(g)
    for i in g.nodes_iter():
        g.node[i]['state'] = 1 if random() < .5 else 0
    nextg = g.copy()
def observe():
    global g, nextg
    cla()
    nx.draw(g, cmap = 'PiYG', vmin = 0, vmax = 1,with_labels=True,
            node_color = [g.node[i]['state'] for i in g.nodes_iter()],
            pos = g.pos)
alpha = 1 # diffusion constant
Dt = 0.01 # Delta t
def update():
    global g, nextg
    for i in g.nodes_iter():
        ci = g.node[i]['state']
        nextg.node[i]['state'] = ci + alpha * ( \
            sum(g.node[j]['state'] for j in g.neighbors(i)) - ci * g.degree(i)) * Dt
    g, nextg = nextg, g

import pycxsimulator
pycxsimulator.GUI().start(func=[initialize, observe, update])
```

网络扩散模型会使网络节点在一定的时间达到均衡状态，每个节点取值相同。读者可以修改扩散参数，研究到达均衡状态的时间，也可以研究在不同拓扑结构的网络上的扩散行为，如随机网络、哑铃状网络、环形网络等。

5. 带"惯性"的网络扩散模型

在上节的网络扩散模型中，节点完全处于受周围环境影响的被动状态。但在很多网络中，节点受环境影响，同时节点有自己的"惯性"。这类由两种因素同时决定节点的状态的网络扩散模型称为自适应网络模型。

代码清单5.32生成了一个带"惯性"的网络扩散模型。每个节点的状态是一个角度θ，每个节点都有不同的"惯性"角速度ω。节点之间状态的相互影响的更新公式是：

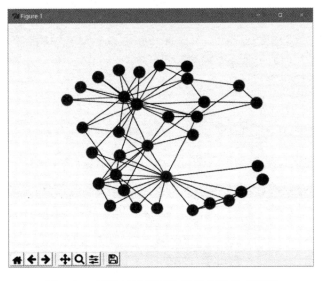

图 5.25　网络扩散模型均衡状态的动态截图

$$\frac{\mathrm{d}\theta_i}{\mathrm{d}t} = \omega_i + \alpha \frac{\sum_{j \in N_i} \sin(\theta_j - \theta_i)}{|N_i|}$$

代码清单 5.32　带"惯性"的网络扩散模型

```
import matplotlib
matplotlib.use('TkAgg')
from pylab import *
import networkx as nx
def initialize():
    global g, nextg
    g = nx.karate_club_graph()
    g.pos = nx.spring_layout(g)
    for i in g.nodes_iter():
        g.node[i]['theta'] = 2 * pi * random()
        g.node[i]['omega'] = 1. + uniform(-0.05, 0.05)
    nextg = g.copy()
def observe():
    global g, nextg
    cla()
    nx.draw(g, cmap = cm.hsv, vmin = -1, vmax = 1,
            node_color = [sin(g.node[i]['theta']) for i in g.nodes_iter()],
            pos = g.pos)
alpha = 1 # coupling strength
Dt = 0.01 # Delta t
def update():
    global g, nextg
    for i in g.nodes_iter():
        theta_i = g.node[i]['theta']
```

(续)

```
        nextg.node[i]['theta'] = theta_i + (g.node[i]['omega'] + alpha * ( \
            sum(sin(g.node[j]['theta'] - theta_i) for j in g.neighbors(i)) \
            / g.degree(i))) * Dt
    g, nextg = nextg, g
import pycxsimulator
pycxsimulator.GUI().start(func=[initialize, observe, update])
```

代码清单 5.32 的运行结果如图 5.26 所示，带"惯性"的网络扩散模型的动态截图。

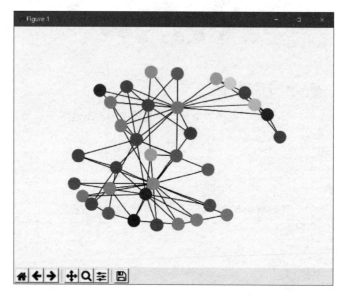

图 5.26　带"惯性"的网络扩散模型的动态截图

扫码看彩图

上述模型可以解释为每个秋虫有各自的固有频率，但发声时会受周围其他秋虫的影响。可以在不同拓扑结构的网络模型上进行模拟实验，研究它们相互影响的规律。

代码清单 5.33 不仅更新节点状态，同时更新节点之间连接的权值（edge[i][j]['weight']），相邻节点状态越接近则权值更新幅度越大，最终会形成两派，如图 5.27 所示。

代码清单 5.33　更新节点之间连接的权值的网络扩散模型

```
import matplotlib
matplotlib.use('TkAgg')
from pylab import *
import networkx as nx
def initialize():
    global g, nextg
    g = nx.karate_club_graph()
    for i, j in g.edges_iter():
        g.edge[i][j]['weight'] = 0.5
    g.pos = nx.spring_layout(g)
```

```
        for i in g.nodes_iter():
            g.node[i]['state'] = 1 if g.node[i]['club'] == 'Mr. Hi' else 0
        nextg = g.copy()
    def observe():
        global g, nextg
        cla()
        nx.draw(g, cmap = cm.binary, vmin = 0, vmax = 1,
                node_color = [g.node[i]['state'] for i in g.nodes_iter()],
                edge_cmap = cm.binary, edge_vmin = 0, edge_vmax = 1,
                edge_color = [g.edge[i][j]['weight'] for i, j in g.edges_iter()],
                pos = g.pos)
alpha = 1 # diffusion constant
beta =  3 # rate of adaptive edge weight change
gamma = 3 # pickiness of nodes
Dt = 0.01 # Delta t
def update():
    global g, nextg
    for i in g.nodes_iter():
        ci = g.node[i]['state']
        nextg.node[i]['state'] = ci + alpha * ( \
            sum((g.node[j]['state'] - ci) * g.edge[i][j]['weight']
                for j in g.neighbors(i))) * Dt
    for i, j in g.edges_iter():
        wij = g.edge[i][j]['weight']
        nextg.edge[i][j]['weight'] = wij + beta * wij * (1 - wij) * ( \
            1 - gamma * abs(g.node[i]['state'] - g.node[j]['state'])
            ) * Dt
    nextg.pos = nx.spring_layout(nextg, pos = g.pos, iterations = 5)
    g, nextg = nextg, g
import pycxsimulator
pycxsimulator.GUI().start(func =[initialize, observe, update])
```

6. Hopfield 网络

Hopfield 网络是一个经典的离散动态网络模型。它可以从不完整的初始条件下恢复"记忆"。它是一个人工神经网络发展初期就研究的模型，目前依然很有研究和应用价值。Hopfield 网络定义如下：

（1）网络节点代表神经元，神经元状态为 0 或 1；

（2）网络是全连接的；

（3）边是加权的并且是对称的；

（4）节点状态在离散时间步骤上依据下述规则动态改变：

$$S_i(t+1) = \text{sign}\left(\sum_j w_{ij} S_j(t)\right)$$

（5）节点没有自环。

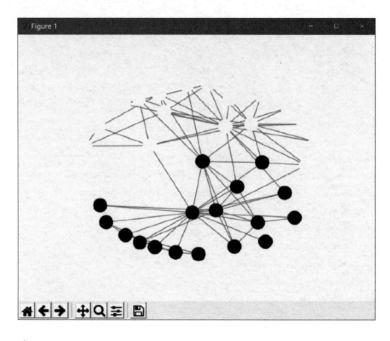

图 5.27 权值更新的动态演化

使用下面简单规则，通过设定边的权值，Hopfield 网络可以通过整个网络节点的状态"记忆"有限个"模式"：

$$w_{ij} = \sum_k S_{i,k} S_{k,j}$$

式中，$S_{i,k}$ 的下标 k 代表记忆的第 k 个"模式"，i 代表第 i 个节点；w_{ij} 代表第 i 节点与第 j 节点的边的权值。实际上 Hopfield 网络是通过边的权值来进行模式记忆的。

代码清单 5.34 定义了一个 Hopfiled 网络，有 25 个节点，设定 6 个记忆模式，一个记忆模式是一组 25 比特的二进制序列，代表 25 个节点的一个模式。25 个节点，6 个记忆模式，可由 6×25 矩阵表示。如图 5.28 所示，比特序列按 5×5 排列，6 个小图分别代表 6 个模式，其中暗色代表 0，亮色代表 1。

代码清单 5.34　Hopfield 网络

```
from __future__ import division
import numpy as np
import random
import matplotlib.pyplot as plt
import networkx as nx
plt.style.use('ggplot')
ch=['1111001010100101001101110','1111100010000101001011100', \
    '0111110000100001000001111','1000111011101011000110001', \
    '0101010101010101010101010','0111010000111000001101110']
X = np.zeros((6,25))
list = []
for i in ch:
```

（续）

```
        list.append(i)
for i in range(len(list)):
    for j in range(25):
        X[i][j] = int(list[i][j])
X = 2*(X-0.5)
def display(X):
    plt.imshow(X.reshape((5,5)))
fig = plt.figure(figsize=(15,4))
for i in range(6):
    ax = fig.add_subplot(1,6,i+1)
    display(X[i])
plt.show()
```

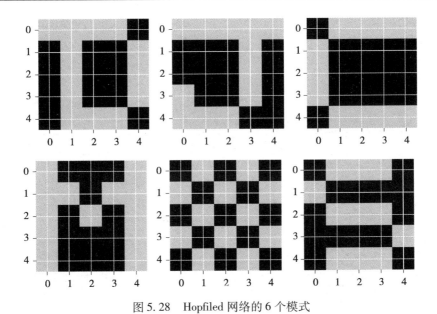

图 5.28 Hopfiled 网络的 6 个模式

代码清单 5.35 是根据 6 个记忆模式数据，按照公式计算所有的边的权值。

代码清单 5.35 通过记忆模式计算 Hopfield 网络权值

```
import networkx as nx
import numpy as np
import matplotlib.pyplot as plt
ch = ['1111001001010010100101110','1111100010000101001011100', \
      '0111110000100001000001111','1000111011101011000110001', \
      '0101010101010101010101010','0111010000011100000101110']
X = np.zeros((6,25))
list = []
for i in ch:
    list.append(i)
for i in range(len(list)):
```

(续)

```
        for j in range(25):
            X[i][j] = int(list[i][j])
    X = 2*(X-0.5)
    w = np.zeros((25,25))
    G = nx.Graph()
    G.add_nodes_from(range(25))
    for i in range(25):
        for j in range(25):
            for k in range(6):
                w[i,j] += X[k][i]*X[k][j]
                G.add_edge(i,j,weight = w[i,j])
```

在代码清单 5.36 中，故意修改 23 号节点的状态（testX[23] = -testX[23]），然后通过预设置的权值恢复"记忆"（dot（w，testX）），输出结果如图 5.29 所示。

代码清单 5.36　Hopfield 网络修改和恢复记忆

```
import networkx as nx
import numpy as np
import matplotlib.pyplot as plt
plt.style.use('ggplot')
def display(X):
    plt.imshow(X.reshape((5,5)))
ch = ['1111001001010010100101110','1111100010000101001011100', \
      '0111110000100001000001111','1000111011101011000110001', \
      '0101010101010101010101010','0111010000111000000101110']
X = np.zeros((6,25))
list = []
for i in ch:
    list.append(i)
for i in range(len(list)):
    for j in range(25):
        X[i][j] = int(list[i][j])
X = 2*(X-0.5)
w = np.zeros((25,25))
G = nx.Graph()
G.add_nodes_from(range(25))
for i in range(25):
    for j in range(25):
        for k in range(6):
            w[i,j] += X[k][i]*X[k][j]
            G.add_edge(i,j,weight = w[i,j])
fig = plt.figure(figsize=(8,4))
fig.add_subplot(1,2,1)
testX = X[0]
testX[23] = -testX[23] # change a node's pattern
```

(续)

```
display(testX)
fig.add_subplot(1,2,2)
a = np.dot(w,testX) # recover node's pattern
x = np.tanh(a)
display(x)
plt.show()
```

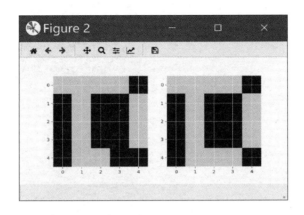

图 5.29 节点的修改和恢复记忆

从图 5.29 中的输出结果可以看到,23 号节点的状态被恢复。

Hopfiled 网络不仅可以恢复节点的状态,当边的"权值"被部分损坏时,也可以恢复记忆。该网络模拟了生物神经网络的"刺激"强化连接机制。代码清单 5.37 故意修改边的权值(dw[i+3, j+5] = 0),然后利用残余数据恢复"记忆",输出结果如图 5.30 所示。

代码清单 5.37 利用残余权值数据恢复"记忆"

```
import networkx as nx
import numpy as np
import matplotlib.pyplot as plt
plt.style.use('ggplot')
def display(X):
    plt.imshow(X.reshape((5,5)))
ch =['1111001001010010100101110','1111100010000101001011100', \
    '0111110000100001000001111','1000111011101011000110001', \
    '0101010101010101010101010','0111010000011100000101110']
X = np.zeros((6,25))
list = []
for i in ch:
    list.append(i)
for i in range(len(list)):
    for j in range(25):
        X[i][j] = int(list[i][j])
```

(续)

```
    X = 2 * (X - 0.5)
    w = np.zeros((25,25))
    G = nx.Graph()
    G.add_nodes_from(range(25))
    for i in range(25):
        for j in range(25):
            for k in range(6):
                w[i,j] += X[k][i] * X[k][j]
                G.add_edge(i,j, weight = w[i,j])
    dw = w
    for i in range(15):
        for j in range(10):
            dw[i+3, j+5] = 0
    fig = plt.figure(figsize = (1,4))
    for i in range(4):
        ax = fig.add_subplot(1, 4, i+1)
        a = np.dot(dw, X[i])
        x = np.tanh(a)
        display(x)
    plt.show()
```

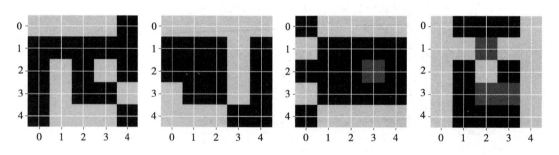

图 5.30 利用残余权值数据恢复 "记忆"

7. 连锁反应模型

连锁反应模型是一个连续状态、离散时间的动态网络模型。该模型揭示在一个基础设施网络中，当一个部件损坏后触发的整个网络的大规模系统瘫痪的连锁反应。该模型常用于大规模停电、金融海啸及其他社会功能或社会经济系统的模拟。该模型的典型假设如下所述。

(1) 节点代表基础设施网络中的功能部件，如电力中转站、金融机构等。节点状态是一个非负值，代表其当前负载能力。节点也可以处于不能工作的 "死" 状态，此时不再具有负载能力。

(2) 每个节点具有可承受负载的最大能力，是一个静态值。

(3) 网络可以是任何拓扑结构。

(4) 边可以是有向或无向的。

(5) 节点状态的改变可以同步也可以异步，并遵循以下规则。

① 如果节点已"死",则不做任何事情。

② 如果当前负载超过节点最大负载能力,则节点"死亡",并将节点的负载均匀地分配给其尚未"死亡"的邻居。

读者可以建立一个模拟网络连锁反应的模型,初始状态随机分配节点负载和节点最大负载能力。试着慢慢提升节点平均负载接近节点最大负载能力,并观察网络何时开始出现故障连锁反应。观察哪个节点超载时对网络的影响最大(这样可以改进网络拓扑结构,提升抗雪崩能力)。针对不同拓扑结构的网络模拟,比较不同网络的承受能力。

5.4.2 拓扑结构变化的动态网络模型

在第一类动态网络模型中,节点的状态和边的权值随时间动态变化,节点和边的数量和它们之间拓扑结构是保持不变的。在第二类动态网络模型中,节点和边在演进过程中会产生和消失,这类动态网络模型是普遍存在的,有如下几种。

(1) 生物进化改变了基因结构或新陈代谢网络。
(2) 生态系统中的自组织和自适应的食物网络。
(3) 社会网络的形成和演进。
(4) 基础设施网络的增长。
(5) 科技论文检索网络的增长。

这类网络模型有些是随机的,有些是具有某种统计特征的。经典的小世界网络和无标度网络都属于这类网络模型。

1. 小世界网络

一个网络的规模大小和稀疏稠密性质可由网络平均路径长度及网络群集性这两个网络结构性质的参数来度量。网络中两个节点之间的连边数称为两节点之间的路径长度,网络的平均路径长度是网络中任意两个节点之间的最短路径长度的平均值。网络的群集性是指网络中各个节点的群集化系数的平均值(5.3.8 节)。

网络的平均路径长度 L:如果 $L(i,j)$ 表示网络中第 i 节点与第 j 节点之间的最短路径长度,则 $L(i,j)$ 对于所有节点对 (i,j) 的平均值 L 称为网络的平均路径长度[也称为特征路径长度或平均最短路径长度(5.3.2 节)]。理论分析、数值模拟和大量的实证研究表明,小世界网络的平均路径长度 L 是网络规模(网络的节点总数)N 的对数增长函数:

$$L \propto \log N$$

在 5.3.8 节中定义了网络整体的群集化系数。对于一般的无向网络,网络中第 i 节点的群集化系数定义为:

$$C(i) = \frac{2e(i)}{k(i)[k(i)-1]}$$

其中,$e(i)$ 表示节点 i 的所有邻接节点之间的实际连接边数;$k(i)$ 表示节点 i 的邻接节点的数量。节点的群集化系数是用来描述网络中的节点之间群集成团程度的参数,表征了一个节点的邻接节点之间相互连接的程度。显然,群集化系数是一个介于 0 与 1 之间的数,越接近 1,表示这个节点的所有邻接节点间越有"抱团"的趋势。它描述了网络节点间局域连接的密集程度。

网络的平均群集化系数是网络中所有节点的群集化系数的平均值,定义为:

$$C = \frac{\sum_i C(i)}{n}$$

在复杂网络模型中,将既有小的平均路径长度又有大的平均群集化系数特征的网络称为小世界网络。

人与人之间朋友关系的社交网络通常被认为是典型的小世界网络。例如,在与朋友的聊天中,经常会发现你的某个朋友恰好也是你正在聊天的朋友的朋友;而某个你觉得与你隔得很远的人,其实与你很近,因为你正在聊天的朋友与这个"遥远"的人非常地熟悉。

在代码清单 5.38 中,使用 NetworkX 中的函数 watts_strogatz_graph(n, k, p)可以直接生成一个小世界网络,其中参数 n 是网络节点数,k 是每个节点连接的邻居数,p 是重新连接概率。代码清单 5.38 生成了一个有 20 个节点、节点度为 4、重新连接概率为 0.1 的小世界网络,如图 5.31 所示。

代码清单 5.38　小世界网络

```
import networkx as nx
import matplotlib.pyplot as plt
G = nx.watts_strogatz_graph(20, 4, 0.1, seed=None)
nx.draw_circular(G)
plt.show()
```

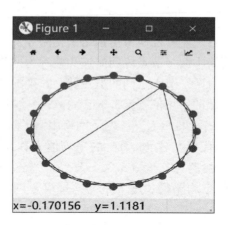

图 5.31　小世界网络

在小世界网络模型中,当调节节点间连边的重新连接概率 p 从 0 逐渐增大到 1 的过程中,可以观察到初始的规则网络将历经从规则网络到小世界网络再到随机网络的 3 个阶段。图 5.32 给出了小世界网络模型中归一化的平均路径长度 $L(p)/L(0)$ 和平均群集化系数 $C(p)/C(0)$ 随重新连接概率 p 增长的变化关系。

在小世界网络上可以体现人类社会网络的很多特征。网络结构对于以这个网络为基础架构的系统的集体动力学行为具有重要的影响与关联,这就是所谓的网络系统动力学问题。小世界网络上的动力学主要讨论其上的导航(搜索)、同步、流行病传播及博弈等问题。

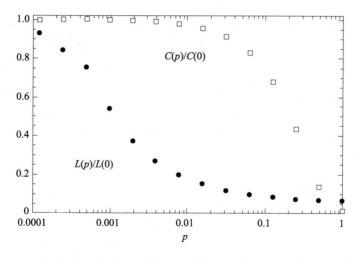

图 5.32　平均路径长度和平均群集化系数随重新连接概率 p 增长的变化关系

1）小世界网络上的导航问题

导航问题是指研究小世界网络拓扑结构，对于网络导航（即信息搜索）是否更加有效的问题。网络导航又称为网络搜索，如在研究某一概念（方法、模型）最初究竟是由谁第一个提出的问题，人们可以借助科学引文网络通过对相关论文的搜索来获得相应的答案。小世界网络特有的拓扑结构在进行网络导航时的效率如何？与随机网络相比是否更有利于导航？这些问题对小世界网络上的动力学都有重要意义。美国康奈尔大学的 Kleinberg 教授（Kleinberg 设计了 HITS 算法，该算法的相关研究工作启发了 Google 的 PageRank 算法的诞生）研究了均匀网络上有向化的小世界网络模型上的导航问题，如果随机加边的概率正比于 2 个节点"距离"倒数 a 幂次，这里的"距离"既可以是纯粹的地理上的距离，也可以是一种隐喻意义上的社会距离，如职业、种族、收入、教育、信仰等方面的差别或不同。当 a 恰好等于网络的维数时，应用网络的局域信息，并通过贪婪算法（即每次导航到的下一个节点都应离目标节点更近，以保证最终可以达到目标），可以最有效地实施导航和搜索。

2）小世界网络上的同步问题

同步问题是指社会网络中的成员会相互影响，成员的社会行为、社会观念会逐渐趋同的问题。在自然科学和社会科学中都广泛存在着同步问题，如一场精彩表演结束后，观众给予的热烈掌声，往往都是从最初零乱的到最后趋于一致的、有节奏性的。把同步问题放在复杂网络科学的视域下进行研究，就是用网络中的诸多节点来代表不同的动力系统（不同的观众），网络节点间的连边代表不同节点（不同的观众）之间的相互作用，在不同的初始状态下，由于彼此之间的相互作用，使众多不同的动力系统（不同观众）的状态相互接近，并最终达到（或基本达到）全同状态的过程即所谓的网络同步。显然，在复杂网络的框架下研究同步问题，节点所代表的动力系统既可以是相同的，也可以是不同的；而不同系统间的相互作用既可以是全局的作用，也可以是局域的作用。特别的是，人们可以深入地研究网络拓扑结构对复杂动力系统的同步过程与行为的重要影响。

3）小世界网络上的流行病传播问题

传染病在人群中的流行、病毒在计算机网络上的蔓延、谣言在人际社会中的扩散等，都可视为流行病在网络上的传播问题。美国学者穆尔和纽曼最早对小世界网络上的传播行为进行了较系统的研究。他们研究了小世界网络上的 SIR 模型（易感－感染－恢复模型）的传播行为。阿根廷学者库珀曼和艾布拉姆森研究了小世界网络上的 SIRS 模型（易感－感染－恢复－再易感模型）的传播行为。网络结构参数对流行病在小世界网络上的传播规律和趋势有很大影响。改变这些网络结构参数的数值，可以得到流行病在不同情况下的传播情况，显示流行病的发展过程，预测流行病的传播趋势，分析流行的原因和关键因素，寻找对其进行控制和预测的最佳策略。

4）小世界网络上的博弈问题

博弈问题是指信息共享、优胜劣汰、合作共赢与网络拓扑结构的关系问题。具有争斗或竞争性的问题往往可以通过博弈模型来进行描述与分析，这类问题又统称为博弈问题，如生物体进化过程中的优胜劣汰问题、社会关系中的合作与背叛问题等。复杂网络上的博弈问题是指群体博弈者之间的关系构成了一个复杂网络，基于对复杂网络拓扑结构的全新认识，来研究群体博弈者之间的合作与竞争问题。特别关注网络的拓扑结构如何影响合作行为的涌现与演化特性。社会网络都具有明显的小世界效应，因此在小世界网络上探讨群体博弈行为对理论研究和实际应用等方面都很有意义。人们在小世界网络上的博弈问题研究中发现，博弈群体的演化行为与小世界网络的拓扑结构参数密切相关，其较短的平均路径长度和较高的平均群集化系数特性，使得信息可以在网络中快速传递并在局域群体中较快达成共识，有利于合作行为的涌现，其典型特征就是重新连接概率与合作的涌现程度有着明显的关联性。

2. 无标度网络

小世界网络模型不能完全反映实际的社会网络，无标度网络模型更能够反映社会网络的特征。在各个层面的社会网络中，我们常会发现有少部分人是公众人物，备受大家关注，而大多数人只是被几个亲友关注。从网络模型看，节点的度分布不是均衡的，少数节点的度很大，大多数节点的度较小。这一特征与上述小世界网络模型是完全不同的。我们通常无法直接构建一个无标度网络，构建一个无标度网络需要一个形成过程，这一过程可以是如下这样。

（1）初始状态网络是由 m0 个节点构成的随机网络，每个节点的度大于等于 1。

（2）网络不断增长，当有新节点加入网络时，假设新节点的度为 m(m<m0)，则新节点的每条边将按概率选择端点，其节点度越高，被选概率就越大，概率按如下公式计算：

$$p(i) = \frac{\deg(i)}{\sum_j \deg(j)}$$

式中，分母是所有节点度的总和；分子是节点 i 的度。

上述机制会导致富者越富的马太效应，而这一现象在经济社会、生态系统和物理化学系统中是常见的。其导致的节点度分布就是著名的幂律分布：

$$p(k \propto k^{-\gamma})$$

代码清单 5.39 模拟构建一个无标度网络的动态过程。初始状态是由 5 个节点构成的一个完全图 [g = nx.complete_graph（m0）]，新节点加入网络时依概率选择 2 个连接节点。

代码运行的输出结果是一个动态过程,随着新节点的加入,逐渐形成一个无标度网络,如图 5.33 所示。

代码清单 5.39　构建一个无标度网络的动态过程

```python
import matplotlib
matplotlib.use('TkAgg')
from pylab import *
import networkx as nx
m0 = 5  # number of nodes in initial condition
m = 2   # number of edges per new node
def initialize():
    global g
    g = nx.complete_graph(m0)
    g.pos = nx.spring_layout(g)
    g.count = 0
def observe():
    global g
    cla()
    nx.draw(g, pos = g.pos)
def pref_select(nds):
    global g
    r = uniform(0, sum(g.degree(i) for i in nds))
    x = 0
    for i in nds:
        x += g.degree(i)
        if r <= x:
            return i
def update():
    global g
    g.count += 1
    if g.count % 20 == 0:  # network growth once in every 20 steps
        nds = g.nodes()
        newcomer = max(nds) + 1
        for i in range(m):
            j = pref_select(nds)
            g.add_edge(newcomer, j)
            nds.remove(j)
        g.pos[newcomer] = (0, 0)
    # simulation of node movement
    g.pos = nx.spring_layout(g, pos = g.pos, iterations = 5)
import pycxsimulator
pycxsimulator.GUI().start(func = [initialize, observe, update])
```

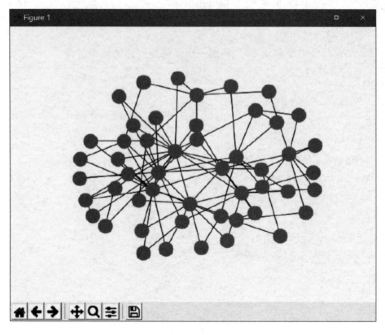

图 5.33 无标度网络

（3）代码清单 5.40 中无标度网络函数 barabasi_albert_graph（n, m），生成 n 个节点，每个新增节点依概率建立 m 个连接（节点度数与被连接的概率成正比）。使用参数 n = 10000，m = 10 构建无标度网络，网络节点的度分布服从幂律分布，如图 5.34 所示，无标度网络节点的度分布服从幂律分布。

代码清单 5.40　无标度网络节点度的幂律分布

```
import matplotlib
from pylab import *
import networkx as nx
import numpy as np
n = 10000
m = 10
g = nx.barabasi_albert_graph(n,m)
d = dict(g.degree())
mx = max(d.values())
cnt = np.zeros(shape = (1,mx +1))
for k,v in d.items():
    cnt[0][v] += 1
print(cnt)
plot(cnt[0][10:100])
show()
```

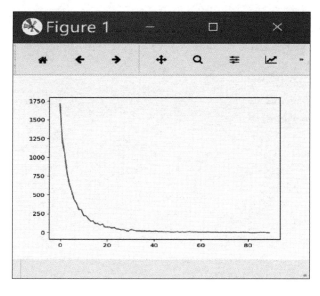

图 5.34　无标度网络节点度的幂律分布

（4）在代码清单 5.41 中，修改新增节点的连接偏好，对比不同情况下形成网络的特征。连接概率 $p(i)$ 选择如下：

①与节点的度数无关（随机选择）；

②与节点度数的平方值呈正比；

③节点度数的倒数。

代码清单 5.41　随机选择连接节点

```
import matplotlib
from pylab import *
import networkx as nx
import numpy as np
import time
def choice_node(g):
    d = dict(g.degree())
    for i in d:    # init every node's degree is 1
        d[i] += 1
    sm = sum(list(d.values()))
    rd = np.random.rand()
    acc = 0.0
    for k,v in d.items():
        acc += v
        if (acc/sm) > rd:
            node = k
            break
    else:
        print('err')
    return node
```

(续)

```
def barab(n,m,seed=100):
    np.random.seed(seed)
    g = nx.Graph()
    for i in range(m):
        g.add_node(str(i))
    for i in range(m,n):
        st = set()
        while len(st) < m:
            k = choice_node(g)
            st.add(k)
        print(st)
        for k in st:
            g.add_edge(k,str(i))
    return g
np.random.seed(int(time.time()))
g = barab(10,3)
nx.draw(g,with_labels=True)
show()
```

在代码清单 5.42 中修改代码，替换代码清单 5.41 中对应的 2 个语句，获得如图 5.35 所示的运行结果。图 5.35 的左图是"与节点的度数无关的随机选择"，中图是"与节点度数的平方值呈正比"，右图是"节点度数的倒数"。

代码清单 5.42　2 种不同的连接概率

```
#节点度数的倒数
sm = sum(list(map(lambda x:1.0/x,d.values())))
acc += 1.0/v

#与节点度数的平方值呈正比
sm = sum(list(map(lambda x: sqrt(x* x), d.values())))
acc += sqrt(v* v)
```

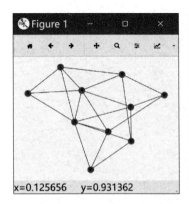
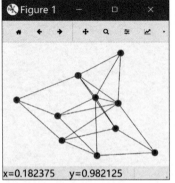
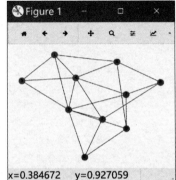

图 5.35　无标度网络更改新增节点的连接偏好

5.4.3 自适应动态网络模型

第 3 类动态网络模型同时包含了第 1 类和第 2 类动态网络模型的动态性，因此复杂性也大大增加，称为自适应动态网络模型。自适应动态网络模型在现实世界里是最多的。

（1）一个组织的发展。网络节点代表组织内的细胞或成员，节点的数量和状态、节点之间的联系都是动态变化的。

（2）自组织的经济圈。节点代表存在经济关系的个体或企业，网络存在不同的层次，节点之间的生产和消费关系动态变化。

（3）流行病传播和预防网络。

（4）社会经济系统的演化。

我们可以思考这样一个问题：假设每个节点的度数存在最大容量，如果连接超过了最大容量，节点就被分离为 2 个节点，每个节点继承原来节点一半的连接（类似大公司分化为子公司），这一机制对网络特征有何影响？

1. 自适应流行病传播模型

自适应流行病传播模型的源代码请见本书配套源代码（下载地址：www.hxedu.com.cn），对 5.4.1 节中的流行病传播模型做了修正。在现实情况中，当发现邻接节点感染病毒，会迅速采取隔离措施。因此模型应修改为，对于被感染的节点，依一定概率进行隔离，并删除相应的边。

模型的运行结果是一个动态过程，因此需要读者自己运行代码观察模型的动态行为。

读者可以进一步研究以下问题。

（1）在较大规模的随机网络上模拟流行病传播模型（SIS），设置相同的参数：pi = 0.5，pr = 0.2，设置不同的隔离概率参数 p_s，研究隔离概率对疾病传播的影响。同时在小世界网络和无标度网络上模拟，研究不同网络拓扑结构对疾病传播的影响。

（2）在选举模型（多数派模型）中，对于不同意见的 2 个相邻节点之间，依一定概率删除它们之间的边，观察这种"拉黑朋友圈"行为对于社会意见分布的影响。

2. 适应性网络的调和性问题

在一个社交网络中，一方面个人的观点会受朋友的影响，表现为节点状态的改变；另一方面，意见不同的朋友之间会渐渐疏远，表现为他们的连接权值变小，反之则增加。将这两方面因素加入网络模型，就构成了第 3 类动态网络模型，其形成过程如下所述。

（1）最初网络由不同文化意识形态的两组节点构成，即节点随机状态为 1 或 0。

（2）每条边都是无向图的带权边，权值范围是（0，1），权值大小代表连接强度，初值全部为 0.5。

（3）节点状态演化依如下公式：

$$\frac{d c_i}{dt} = \alpha \sum_{j \in N_1} (c_j - c_i) w_{ij}$$

其中，α 为扩散因子。上述公式的基本语义是，节点状态的变化率与该节点和周边其他节点状态的差异总和呈正比。

（4）每条边的权值也依据如下公式动态变化：

$$\frac{\mathrm{d}w_{ij}}{\mathrm{d}t} = \beta w_{ij}(1-w_{ij})(1-\gamma|c_i-c_j|)$$

其中，β 为权值改变程度；γ 为容忍度。上述公式的基本语义是，2 个邻接节点的差异越大，对它们的连接边的权值的影响越小（影响率就是容忍度 γ）。权值的变化率同时受到权值本身的影响，权值越接近 0.5（代表中立）越容易改变。

如图 5.36 所示，代码清单 5.43 在图 nx.karate_club_graph 上模拟了俱乐部成员之间的意见调和过程。模拟过程是动态的，在初始参数下一般会形成两派对立的阵营。调节 α、β、γ 3 个参数，研究在何种情况下，可以使得俱乐部不分裂？

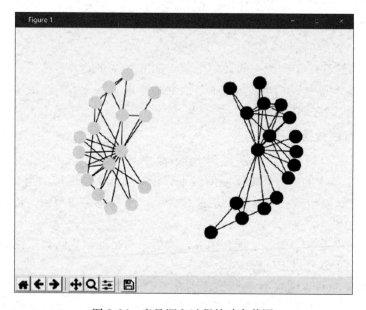

图 5.36　意见调和过程的动态截图

代码清单 5.43　俱乐部成员之间的意见调和过程

```python
import matplotlib
matplotlib.use('TkAgg')
from pylab import *
import networkx as nx
def initialize():
    global g, nextg
    g = nx.karate_club_graph()
    for i, j in g.edges_iter():
        g.edge[i][j]['weight'] = 0.5
    g.pos = nx.spring_layout(g)
    for i in g.nodes_iter():
        g.node[i]['state'] = 1 if g.node[i]['club'] == 'Mr. Hi' else 0
    nextg = g.copy()
def observe():
    global g, nextg
```

```
        cla()
        nx.draw(g, cmap = cm.binary, vmin = 0, vmax = 1,
                node_color = [g.node[i]['state'] for i in g.nodes_iter()],
                edge_cmap = cm.binary, edge_vmin = 0, edge_vmax = 1,
                edge_color = [g.edge[i][j]['weight'] for i, j in g.edges_iter()],
                pos = g.pos)
alpha = 1 # diffusion constant
beta =  3 # rate of adaptive edge weight change
gamma = 3 # pickiness of nodes
Dt = 0.01 # Delta t
def update():
    global g, nextg
    for i in g.nodes_iter():
        ci = g.node[i]['state']
        nextg.node[i]['state'] = ci + alpha * ( \
            sum((g.node[j]['state'] - ci) * g.edge[i][j]['weight']
                for j in g.neighbors(i))) * Dt
    for i, j in g.edges_iter():
        wij = g.edge[i][j]['weight']
        nextg.edge[i][j]['weight'] = wij + beta * wij * (1 - wij) * ( \
            1 - gamma * abs(g.node[i]['state'] - g.node[j]['state'])
            ) * Dt
    nextg.pos = nx.spring_layout(nextg, pos = g.pos, iterations = 5)
    g, nextg = nextg, g
import pycxsimulator
pycxsimulator.GUI().start(func =[initialize, observe, update])
```

第 6 章

离散事件模型

离散事件模型是一种仿真模拟,仿真模拟的步骤包括:画出系统的工作流程图,确定到达模型、服务模型和排队模型等离散事件模型的子模型。离散事件模型广泛应用于交通管理、生产调度、资源利用、计算机网络系统的分析和设计等方面。通常,离散事件模型运用计算机对离散事件系统进行仿真实验。

6.1 基本概念

6.1.1 周期驱动模型与事件驱动模型

系统模型由若干实体及实体间的关系组成。通常来说,系统的状态随着时间的变化而变化,而引发变化的动因通常是事件。事件可能是随机的也可能是被控制的。因此,要模拟一个系统的行为,最重要的就是模拟系统中的事件。

一般说来,仿真模型分为以下两种。

(1) 一种是基于时间驱动的,称为周期驱动模型或时间序列模型。系统以固定的时间间隔增量累积时间,在每个时刻记录、控制或预测系统的状态。

(2) 另一种是事件驱动模型,在这种模型中,系统状态的改变仅仅由事件的发生引发,系统时间也由事件的发生时间来确定,由于事件发生时间具有随机性,系统时间的推进步长也是随机的。由于两个相邻事件之间的时间内系统状态不会发生改变,所以系统时钟可以直接从一个事件发生的时间推进到下一个事件的发生时间。事件驱动的仿真模型能够比较精确地模拟复杂的系统,因此应用范围十分广泛。

6.1.2 事件驱动机制

离散事件模型的核心是事件驱动机制,通过这一机制模拟对象的动态发展过程。

1. 事件队列

事件驱动的仿真模型的核心构件是"事件队列",事件队列保存系统中还未发生的事件,并且事件是以其发生的时间先后排序的,这样队列头总是指向下一个将要发生的事件。需要注意的是,在某一时刻,事件队列中并不一定保存了所有将要发生的事件,因为有些事件是在其他事件的发生过程中产生的。

2. 计算机模型

用计算机对离散事件系统进行建模一般包括3个子模型：到达模型、服务模型和排队模型，组合在一起构成离散事件系统的仿真模型。离散事件系统的仿真模型广泛用于交通管理、生产调度、资源利用、计算机网络系统的分析和设计等方面。

3. 关键概念

离散事件模型是一种模拟过程的模型。产生过程的基本动因是"需求"和"供给"，或者称消费和生产。例如，著名的生产者和消费者问题中，生产者的生产过程需要时间、空间和实体等资源，合理运用这些资源生产出产品，这些产品在特定的时间和空间满足消费者的需求。

在离散事件模型中包含的关键术语有时间、事件、进程、资源和队列（包括优先级队列）。

（1）时间：周期时间、随机时间、事件发生时间等。

（2）事件：影响系统状态的事件，周期的或突发的事件。事件包括请求、等待、资源占用、服务及服务完成、资源释放等环节。

（3）进程：系统中的具有目标和决策能力的主体，进程需要占有资源，进程之间会竞争资源。

（4）资源：完成数量有限的任务必须占用或消耗的软硬件实体或对象。

（5）队列：事件按照发生顺序构成的队列。不同的队列可以有不同的优先级，在优先级高的队列中的事件具有更高的响应级别。

一个事件的发生导致另外一个或几个事件发生（或一定概率发生），事件之间存在因果关系，由事件驱动整个系统的发展，从初始状态开始直到某个指定时刻结束，或者当某个事件出现时结束。

4. 应用领域

离散事件系统在经济管理中有着广泛应用，在物流行业、工厂制造业、餐饮服务业等行业存在大量急需优化的场景。例如，优化快递分拣人员的排班表以满足双十一突增的快递件量；估算餐厅在用餐高峰的排队时长；估算特定工序下，工厂生产所需要的物料成本/人力成本/时间成本。这类场景无法通过常规算法求出最优解，但是我们可以从大量业务实践中总结出一些接近的次优解。

在实际生产中，随时调整厂房的生产线来试验最优解是非常昂贵的。引进仿真技术，可以给业务研究员无限的自由度去调整和验证不同的优化方案。仿真的成本无非是计算机的算力，以及程序员编写业务逻辑的时间。

行业中其实已经存在一些工业仿真软件，但这些仿真软件往往针对某些特定场景高度定制化，数据埋点往往不全，缺乏通用的数据库接口，难以结合真实业务产生的数据进行仿真，这样就失去与真实业务进行比较的可能。

6.2 建模与仿真

SimPy（参考文献26）是一个基于标准Python以进程为基础的离散事件仿真框架。SimPy离散事件驱动的仿真模型中的所有活动部件，如车辆、顾客等，通过进程

（Process）来模拟。进程是由 Python 生成器构成的，生成器的特性可以模拟具有主动性的对象，这些进程存放在环境（Environment）中。所有进程之间，以及它们与环境之间的互动，全部通过事件（Event）来驱动。SimPy 也提供多种类别的共享资源（Shared Resource），来描述和模拟拥挤的场景（如服务器、收银台和隧道等）。

利用 SimPy 我们可以构建一套完全开源的仿真方案，可以完全私有定制业务场景。利用 Python 强大的生态，仿真数据从来源到输出分析，可以衔接所有开源流行的数据分析框架。

6.2.1　SimPy 介绍

SimPy 通过进程对象（Process）、事件对象（Event）、环境对象（Environment）、抽象队列（Store）、抽象资源（Resource）等软件实体构建离散事件模型。资源和队列（Resource/Store）是一类重要的核心对象，凡是仿真中涉及的人力资源及工艺上的物料消耗都会用抽象资源（Resource）来表达，主要的方法是资源请求（Request）。抽象队列（Store）管理各种优先级的队列，与队列结构（Queue）是一致的，通过获取和存放（Get/Put）操作资源单位（Item）。

1. 进程对象（Process）

进程对象（Process），也叫生成器对象（Generators），它创建事件（通过 simpy.Environment.event 函数），并通过 yield 语句抛出事件。程序运动到 yield 语句时，程序暂停并返回 yield 之后的结果。当再次调用程序时，从 yield 之后开始再次执行程序。

2. 事件对象（Event）

事件对象（Event）由进程创建并由 yield 语句抛出。当一个进程抛出事件时（到达 yield 语句），进程会被暂停，直到事件被激活（Triggered）（程序再次被调用）。多个进程可以等待同一个事件。SimPy 会按照这些进程抛出的事件激活的先后，来恢复进程。

其中，最重要的一类事件是 Timeout，这类事件允许一段时间后再被激活，用来表达一个进程休眠或保持当前的状态持续一段指定的时间。这类事件通过 Environment.timeout 来调用。

3. 环境对象（Environment）

Environment 对象：决定仿真的起点/终点，管理仿真元素之间的关联，主要 API 有以下几种。

（1）simpy.Environment.process——添加仿真进程。

（2）simpy.Environment.event——创建事件。

（3）simpy.Environment.timeout——提供延时（Timeout）事件。

（4）simpy.Environment.until——仿真结束的条件（时间或事件）。

（5）simpy.Environment.run——仿真启动。

4. 抽象队列（Store）

（1）函数 simpy.Store：存放资源单位，遵循仿真的时间顺序。

（2）函数 simpy.PriorityStore：存放资源单位，遵循仿真的时间顺序，同时考虑人为添加的优先级。

（3）函数 simpy.FilterStore：存放资源单位，遵循仿真的时间顺序，同时进行分类存放。

（4）函数 simpy.Container：存放连续的、不可分的物质，如液体、气体的存放，用浮点数表示。

5. 抽象资源（Resource）

（1）函数 simpy.Resource：资源本质上是某种限制条件，如某个工序可调用的工人数、可以调用的机器数等。

（2）Resource 和 Process 是 SimPy 对资源和进程进行抽象的构造。Resource 好比一个队列，其长度就是提前设置好的资源数，不同的工序就按照时间先后和赋予的优先级进入队列。Process 从构造上来说是一个生成器，Process 可以从 Resource 对象请求（Request）资源并占用资源，也可以用 send 方法传入参数 Exception 对 Process 进行打断，强迫其释放资源。

（3）函数 simpy.PriorityResource：兼容 Resource 的功能，添加可以插队的功能，高优先级的进程可以优先调用资源，但只能是在前一个被服务的进程结束以后插队。

（4）函数 simpy.PreemptiveResource：兼容 Resource 的功能，添加可以插队的功能，高优先级的进程可以打断正在被服务的进程进行插队。

6.2.2 案例

1. 模拟汽车的启停周期

一辆电动汽车，或者处于行进过程，或者处于停泊状态。在停泊状态时汽车需要进行充电，充电固定时间后汽车继续行进。代码清单 6.1 模拟了这一过程。

（1）一辆汽车［进程对象：car（env）］在当前时刻（evn.now）开始停泊，直到出现触发事件。

（2）触发停泊事件：yield env.timeout（parking_duration），一个等待一段时间（parking_duration）自我唤醒的事件，停泊时长 5 个单位后，程序自我唤醒，打印"start driving at 'evn.now'"。

（3）然后汽车进程触发另一个 timeout 事件：yield env.timeout（trip_duration），trip 事件在 trip_duration 之后自我唤醒。循环上述过程，直到系统时间到达 15 时刻。

代码清单 6.1　汽车启停周期的模拟

```
import simpy
def car(evn):
    while True:
        print('start parking at % d'% evn.now)
        parking_duration = 5
        yield env.timeout(parking_duration)
        print('start driving at % d'% evn.now)
        trip_duration = 2
        yield env.timeout(trip_duration)
env = simpy.Environment()
env.process(car(env))
env.run(until = 15)
```

运行结果：

```
start parking at 0
start driving at 5
start parking at 7
start driving at 12
start parking at 14
```

汽车在停泊和行驶的周期过程中，直到模拟结束。

2. 充电车辆的启停充电管理

代码清单6.2模拟了如下过程。

（1）在main（）函数中创建了一个环境对象（Environment）env，在env中建立EV对象ev，模拟过程从0到600时刻。

（2）对象ev中包含2个进程，驾驶进程"drive_proc"和充电管理进程"bat_ctrl_proc"。对象ev中还定义了2个事件，激活蓄电控制事件"bat_ctrl_reactive"和睡眠蓄电事件"bat_ctrl_sleep"。

（3）驾驶进程和充电管理进程之间通过2个事件进行通信，过程如下所述。

①drive 进程。

A. 首先是进入驾驶状态，在驾驶随机时间20到40之后，结束驾驶，打印"stop driving at..."。

B. 然后汽车停泊并打印"start parking at..."。

C. 然后drive_proc进程触发事件变量bat_ctrl_reactive中存放的激活蓄电控制事件，这个事件将影响bat_ctrl进程（随后讨论）。重置事件变量bat_ctrl_reactive。

D. 触发驾行等待事件，生成60~360之间的随机数，时间到达这个数字后该进程自我唤醒。

E. 唤醒后，执行第①环节。

②bat_ctrl 进程。

A. 进程开始时处于驾驶状态，进程打印"recharge proc idle time，当前时间"。

B. 然后等待bat_ctrl_reactive变量中的事件出现。

C. 当bat_ctrl_reactive变量中的事件触发，则开始充电，打印"recharge proc active time，当前时间"。

D. 触发等待事件env.timeout（randint（30，90）），即充电时间，并打印"recharge proc end time，当前时间"。

E. 完成充电后，进入充电闲置状态，打印该状态，并进入新一轮充电等待。

代码清单6.2　汽车充电和启停周期的模拟

```python
import simpy
from random import seed,randint
class EV:
    def __init__(self,env):
        self.env=env
        self.drive_proc=env.process(self.drive(env))
        self.bat_ctrl_proc=env.process(self.bat_ctrl(env))
        self.bat_ctrl_reactive=env.event()
```

```
                self.bat_ctrl_sleep = env.event()
        def drive(self, env):
            while True:
                print('start driving at %d'% env.now)
                yield env.timeout(randint(20,40))
                print('stop driving at %d'% env.now)
                
                print('start parking at %d'% env.now)
                self.bat_ctrl_reactive.succeed()
                self.bat_ctrl_reactive = env.event()
                yield env.timeout(randint(60,360))
        def bat_ctrl(self, env):
            while True:
               print('recharge proc idle time', env.now)
               yield self.bat_ctrl_reactive
               print('recharge proc active time', env.now)
               yield env.timeout(randint(30,90))
               print('recharge proc end time', env.now)
               #self.bat_ctrl_sleep.succeed()
               #self.bat_ctrl_sleep = env.event()
def main():
    env = simpy.Environment()
    ev = EV(env)
    env.run(until = 600)
if __name__ == '__main__':
    main()
```

运行结果：

start driving at 0

recharge proc idle time 0

stop driving at 28

start parking at 28

recharge proc active time 28

recharge proc end time 107

recharge proc idle time 107

start driving at 121

stop driving at 152

start parking at 152

recharge proc active time 152

recharge proc end time 196

recharge proc idle time 196

start driving at 445

stop driving at 483

start parking at 483

recharge proc active time 483

```
recharge proc end time 551
recharge proc idle time 551
start driving at 559
stop driving at 593
start parking at 593
recharge proc active time 593
```

3. 模拟随机客服过程

客户平均到达间隔为 10 时间单位，客户的等待耐心范围是（1，3）。代码清单 6.3 模拟了 5 个客户到达的过程。

（1）定义一个模拟环境：env = simpy. Environment（）。

（2）counter 是环境中的资源（资源通常以容器形式体现），资源的容量为 1：

$$\text{counter = simpy. Resource（env，capacity = 1）}$$

（3）在环境中放入进程并运行：

env. process（source（env，NEW_CUNTOMERS，INTERVAL_CUNTOMERS，counter））
env. run（）

函数 source（env，number，interval，counter）中的参数有环境、客户的人数、客户到达的平均间隔、客服资源数量。

（4）source 处理每一位模拟到达的客户，过程如下所述。

①建立客户对象，包括客户 ID、客户资源等。

②将客户对象放入环境 env。

③根据泊松分布参数 interval（random. expovariate（1.0/interval）），计算下一个客户的到达时间，然后继续步骤①。

（5）对于每位客户，通过函数 customer（env，name，counter，timeinbank）处理，该函数有环境、客户 ID、资源、进入银行的时间等参数。函数的处理过程如下所述。

①打印客户 ID 和到达时间。

②随机确定一个客户等待耐心时间，然后设立一个事件，该事件可能是：A. 申请客服资源（此处只有唯一）；B. 被响应（存在客服资源）；C. 到达"等待耐心时间"。

③根据结果，如果是事件 B（客户获得了资源），则资源被占用。打印客户是被服务后离开的，还是等待一段时间后就离开的。

代码清单 6.3　随机客服过程的模拟

```
import random
import simpy
RANDOM_SEED = 42
NEW_CUNTOMERS = 20
INTERVAL_CUNTOMERS = 1
MIN_PATIENCE = 1
MAX_PATIENCE = 2
SERVICE_TIME = 1.5
MACHINE_NUMBER = 1
def source(env,number,interval,counter):
```

```
        for i in range(number):
            c = customer(env,'Customer% d'% i,counter)
            env.process(c)
            t = random.expovariate(1.0/interval)
            yield env.timeout(t)
    def customer(env,name,counter):
        arrive = env.now
        print(arrive,name,' Here I am')
        with counter.request() as req:
            patience = random.uniform(MIN_PATIENCE,MAX_PATIENCE)
            results = yield req | env.timeout(patience)
            if req in results:
                yield  env.timeout(SERVICE_TIME)
                wait = env.now - arrive
            if req in results:
                print(env.now, name,'  waited   ',wait)
            else:
                print(env.now, name,' reneged after ',wait)
    print('Bank renege')
    random.seed(RANDOM_SEED)
    env = simpy.Environment()
    counter = simpy.Resource(env,capacity = MACHINE_NUMBER)
    env.process(source(env,NEW_CUNTOMERS,INTERVAL_CUNTOMERS,counter))
    env.run(until = 30)
```

模型的模拟时间是从 0 到 30，在如下的显示中，第 1 栏是时间，第 2 栏是客户，第 3 栏是事件。

```
Bank renege
0                                      Customer0    Here I am
1. 020060287274801     Customer1       Here I am
1. 3416843513497665    Customer2       Here I am
1. 5                                   Customer0    waited   1. 5
2. 6752770241578494    Customer3       Here I am
3. 0                                   Customer1    waited   1. 979939712725199
3. 7622158567872654    Customer3       reneged after 1. 086938832629416
4. 5                                   Customer2    waited   3. 1583156486502335
4. 9025651237092305    Customer4       Here I am
5. 450611283105721     Customer5       Here I am
5. 6973279790655456    Customer6       Here I am
5. 724222382745853     Customer7       Here I am
6. 4025651237092305    Customer4       waited   1. 5
…
```

上述模型中只有一个客服资源，但很多情况可能会有多个客服资源，还可能会有优先级队列、进程之间互斥和同步等。进一步的事件驱动银行服务案例参见：https：//python-hosted.org/SimPy/Tutorials/TheBank.html。

4. 工厂工序和传送带

工人在机器上加工物件需要花费一段时间，物件加工完成后被放到传送带上，传送带传送一段时间后到达下一个加工环节。代码清单6.4模拟了这一过程，这个模型需要考虑物件到达、工人资源、机器加工等环节之间的同步关系。

（1）函数con_belt_process（）执行的任务是：启动传送带，等待需要传送的时间，将物品取下放入next_q中，停止传送带。

（2）函数generate_item（env，last_q：simpy.Store，item_num：int=100）以泊松分布概率源源不断产生100个依次编号的item，放入last_q中。

（3）将2个machine（env，last_q，next_q，machine_id=f'm｛i｝'）进程放入模拟环境，machine进程的工作如下。

①设定好工人数量。

②定义一个过程逻辑：需要空闲工人，工人处理时间PROCESS_TIME，处理完成后将物品放到传送带。

③整体过程是从last_q中get（）物品，调用env.process（process（item））子过程处理物品，物品处理完成后放入next_q中。

代码清单6.4 工厂的工序和传送带的模拟

```
import simpy
import random
PROCESS_TIME = 0.5 # 处理时间
CON_BELT_TIME = 3 # 传送带时间
WORKER_NUM = 2 # 每个机器的工人数/资源数
MACHINE_NUM = 2 # 机器数
MEAN_TIME = 0.2 # 平均每个物件的到达时间间距

def con_belt_process(env,con_belt_time,package,next_q):
    """模拟传送带的行为"""
    print(f"{round(env.now, 2)} - item: {package} - start moving ")
    yield env.timeout(con_belt_time) # 传送带传送时间
    next_q.put(package)
    print(f"{round(env.now, 2)} - item: {package} - end moving")

def machine(env: simpy.Environment,last_q: simpy.Store, next_q: simpy.Store, machine_id: str):
    """模拟一个机器，一个机器就可以同时处理多少物件 取决资源数(工人数)"""
    workers = simpy.Resource(env, capacity=WORKER_NUM)
    def process(item):
        """模拟一个工人的工作进程"""
        with workers.request() as req:
            yield req
            yield env.timeout(PROCESS_TIME)
```

(续)

```
            env.process(con_belt_process(env, CON_BELT_TIME, item, next_q))
            print(f'{round(env.now, 2)} - item: {item} - machine: {machine_id} - processed')
        while True:
            item = yield last_q.get()
            env.process(process(item))
def generate_item(env, last_q: simpy.Store, item_num: int = 100):
    """模拟物件的到达"""
    for i in range(item_num):
        print(f'{round(env.now, 2)} - item: item_{i} - created')
        last_q.put(f'item_{i}')
        t = random.expovariate(1 / MEAN_TIME)
        yield env.timeout(round(t, 1))
if __name__ == '__main__':
    # 实例环境
    env = simpy.Environment()
    # 设备前的物件队列
    last_q = simpy.Store(env)
    next_q = simpy.Store(env)
    env.process(generate_item(env, last_q))
    for i in range(MACHINE_NUM):
        env.process(machine(env, last_q, next_q, machine_id=f'm_{i}'))
    env.run()
```

模拟结果：

  0 - item：item_0 - created

  0.2 - item：item_1 - created

  0.3 - itcm：item_2 - created

  0.5 - item：item_0 - machine：m_0 - processed

  0.5 - item：item_0 - start moving

  0.7 - item：item_1 - machine：m_1 - processed

  0.7 - item：item_1 - start moving

  0.7 - item：item_3 - created

  0.8 - item：item_2 - machine：m_0 - processed

  0.8 - item：item_2 - start moving

  0.8 - item：item_4 - created

  0.9 - item：item_5 - created

  1.2 - item：item_6 - created

  …

5. 自动售货机

  场景：在一个工作间有 n 台自动售货机，有一个足以让每台自动售货机忙碌的任务。自动售货机可能损坏并需要不定期维修。在没有机器损坏时，维修人员做其他日常工作，机器损坏可以打断他们的日常工作。代码清单6.5模拟了这一过程。

代码清单6.5 自动售货机的维护模拟

```python
import random
import simpy
RANDOM_SEED = 42
PT_MEAN = 10.0           # Avg. processing time in minutes
PT_SIGMA = 2.0           # Sigma of processing time
MTTF = 300.0             # Mean time to failure in minutes
BREAK_MEAN = 1 / MTTF    # Param. for expovariate distribution
REPAIR_TIME = 30.0       # Time it takes to repair a machine in minutes
JOB_DURATION = 30.0      # Duration of other jobs in minutes
NUM_MACHINES = 10        # Number of machines in the machine shop
WEEKS = 4                # Simulation time in weeks
SIM_TIME = WEEKS * 7 * 24 * 60  # Simulation time in minutes
def time_per_part():
    return random.normalvariate(PT_MEAN, PT_SIGMA)
def time_to_failure():
    return random.expovariate(BREAK_MEAN)
class Machine(object):
    def __init__(self, env, name, repairman):
        self.env = env
        self.name = name
        self.parts_made = 0
        self.broken = False
        self.process = env.process(self.working(repairman))
        env.process(self.break_machine())
    def working(self, repairman):
        while True:
            done_in = time_per_part() # 机器加工一个部件所需的时间
            while done_in:
                try:
                    start = self.env.now
                    yield self.env.timeout(done_in)
                    done_in = 0  # Set to 0 to exit while loop.
                except simpy.Interrupt:   # 机器在加工部件时被故障中断
                    self.broken = True
                    done_in -= self.env.now - start  # How much time left?
                    with repairman.request(priority=1) as req:
                        yield req
                        yield self.env.timeout(REPAIR_TIME)
                    self.broken = False
            self.parts_made += 1
    def break_machine(self):
        while True:
            yield self.env.timeout(time_to_failure())
```

```python
            if not self.broken:
                self.process.interrupt()    # 机器加工进程 self.process 被中断
def other_jobs(env, repairman):
    while True:
        done_in = JOB_DURATION
        while done_in:
            with repairman.request(priority=2) as req:
                yield req
                try:
                    start = env.now
                    yield env.timeout(done_in)
                    done_in = 0
                except simpy.Interrupt:    # 因故障机器的工作被意外中断
                    done_in -= env.now - start
print('Machine shop')
random.seed(RANDOM_SEED)    # This helps reproducing the results
env = simpy.Environment()
repairman = simpy.PreemptiveResource(env, capacity=1) # repairman 是容量为1 的可抢占资源
machines = [Machine(env, 'Machine % d' % i, repairman)
            for i in range(NUM_MACHINES)]    # 在环境中加入每台机器的进程
env.process(other_jobs(env, repairman))    # 在环境中加入资源"repairman"处理其他任务进程
env.run(until=SIM_TIME)
print('Machine shop results after % s weeks' % WEEKS)
for machine in machines:
    # 打印每台机器加工完成的部件数量
    print('% s made % d parts.' % (machine.name, machine.parts_made))
```

运动结果如下：

Machine shop
Machine shop results after 4 weeks
Machine 0 made 3251 parts.
Machine 1 made 3273 parts.
Machine 2 made 3242 parts.
Machine 3 made 3343 parts.
Machine 4 made 3387 parts.
Machine 5 made 3244 parts.
Machine 6 made 3269 parts.
Machine 7 made 3185 parts.
Machine 8 made 3302 parts.
Machine 9 made 3279 parts.

第 7 章

系统动力模型

系统动力模型应用系统动力学原理分析系统的结构、行为和因果关系，并模拟系统的动态变化，建立结构模型，进而在不同的假设条件下进行计算机仿真运算，预测出各种情况下系统的动态行为。系统动力模型能较好地反映出系统性、非线性、动态性、区域性等特征。

7.1 基本概念

系统动力模型，又称为 SD 模型（System Dynamic Model），是描述复杂动力系统行为的数学模型，通常采用微分方程或差分方程。当采用微分方程时，该理论称为连续动力系统。从物理的角度来看，连续动力系统是经典力学的推广。当采用差分方程时，该理论称为离散动力系统，时间变量是时间间隔上的离散序列，构成微分差分方程。这个领域的数学模型有时需要数学理论，计算机模型也需要相应的计算数学理论。该领域也被称为动力系统，或动力系统的数学理论。动力系统的数学理论涉及动力系统的长期定性行为，研究系统运动方程的性质，并在可能的情况下解决这些系统的运动方程。这些方程通常是依据系统的物理学原理或其他科学原理建立的，如行星轨道或电子电路的行为。

应用系统动力理论分析系统的结构、行为和因果关系，并模拟系统的动态变化，建立系统动力模型，进而在不同的假设条件下进行计算机仿真运算，预测出各种情况下系统的动态行为。系统动力模型能较好地反映出环境的系统性、非线性、动态性、区域性等特征。系统动力模型的建模涉及信号与系统、控制系统、控制理论等专业领域，一般通过微分方程、差分方程表达模型。模型用于描述系统在特定定律下的动态特征，系统可以是物理、化学、生物、生态系统，也可以是社会、经济、管理系统。系统动力模型具有初始状态，可以在特定环境中自主演化，也可以在环境外力的控制下从一个状态过渡到另一个状态。

罗马俱乐部 1972 年提出的"世界模型"就是从系统动力学的观点出发，综合研究世界范围内人口、工农业生产、资源和环境污染之间的相互关系，建立了一系列系统动力学方程，模拟世界的发展过程，为人类环境生存的战略决策及合理规划提供了依据。

简单的系统动力模型是具有确定性的（如线性时不变系统），有些系统动力模型具有随机性，有些系统动力模型具有混沌效应。许多系统动力模型的现代研究都集中在混沌系统的研究上，我们将在 7.2 节介绍简单的系统动力模型，其中的部分模型选自 Allen B. Downey 的 *Modeling and Simulation in Python*（https://greenteapress.com/wp/mods-impy/）。7.3 节将介绍经典混沌模型。

7.2 简单的系统动力模型

利用 Python 的 SimuPy 软件包（参考文献 27）可以建立系统动力的计算机模型。

SimuPy 是一个用于模拟互连动态系统模型的框架，并提供了一个基于 Python 的开源工具，可用于基于模型和系统的设计和仿真工作流程。可以使用 API 文档中描述的接口将动态系统模型指定为对象。模型也可以使用符号表达式构建。

在本节的模型案例中，为了配合建模，还调用了 Python 软件包 SymPy。SymPy 是一个用于符号数学的 Python 软件包。符号计算以符号方式处理数学对象的计算。这意味着数学对象是被精确地表示，而不是近似地表示，保留了符号形式的代数变量，通过数学表达式和数学公式推导表达模型的结构。

7.2.1 RCL 电路

RCL 电路系统如图 7.1 所示。此系统有 2 个独立的蓄能元件，电容 C 和电感 L，所以系统对应 2 个状态变量。状态变量的量纲可以随意选择，由于电感的蓄能与流经的电流 i 有关，电容蓄能与两端电压 u_c 有关，所以方便的选择是将 u_c 和 i 作为系统的变量。

按电学原理，可以建立如下微分方程：

$$C \frac{\mathrm{d}u_c}{\mathrm{d}t} = i$$

$$L \frac{\mathrm{d}i}{\mathrm{d}t} + Ri + u_c = V_s$$

RCL 电路系统可以表示为如下线性系统：

$$\dot{x} = Ax + b\,V_s$$

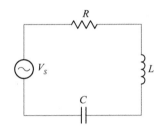

图 7.1 RCL 电路系统

$$\dot{x} = \begin{bmatrix} \dot{x}_1 \\ \dot{x}_2 \end{bmatrix},\ A = \begin{bmatrix} 0 & \dfrac{1}{C} \\ -\dfrac{1}{L} & -\dfrac{R}{L} \end{bmatrix},\ b = \begin{bmatrix} 0 \\ \dfrac{1}{L} \end{bmatrix}$$

其中，状态向量 (x_1, x_2) 分别是电容两端的电压 u_c 和电流 i；R、C、L 分别是电阻、电容和电感。

在以下计算机模型的代码中，线性系统的状态方程是：

$$\begin{cases} \dot{x} = AX + BU \\ Y = CX + DU \end{cases}$$

代码清单 7.1 设定 RCL 电路的参数：$R=1$，$C=1$，$L=1$，获得如图 7.2 所示的输出结果。系统通过函数 sys = ss (A, B, C, D) 来定义，通过函数 "T, yout, xout = forced_response (sys, T, u, X0)" 来模拟系统的状态和输出。

代码清单 7.1　RCL 电路的瞬态响应

```
from control import *
import numpy as np
```

(续)

```
from matplotlib import pyplot as plt
A = np.array([[0,1],[-1,-1]])
B = np.array([[0],[1]])
C = np.array([[1,0]])
D = np.array([[0]])
sys = ss(A, B, C, D)
T = np.array([np.linspace(0,20,100)])
u = np.zeros(shape=[1,100])
X0 = np.array([[0],[3]])
T, yout, xout = forced_response(sys, T, u, X0)
print(len(xout[0]))
plt.plot(T,yout)
plt.show()
```

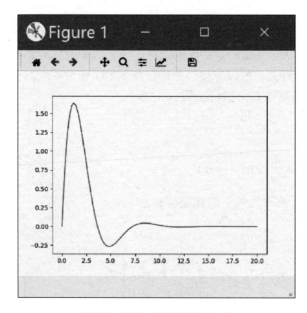

图 7.2　RCL 电路的瞬态响应

假如输入正弦控制信号（u = np.sin（T）），系统状态变量初值为 0（X0 = np.array（[[0]，[0]]）），对于上述同样的系统，运行代码清单 7.2，输出结果如图 7.3 所示，红线是输入信号，绿线是输出信号。

代码清单 7.2　正弦控制信号的瞬态响应

```
from control import *
import numpy as np
from matplotlib import pyplot as plt
A = np.array([[0,1],[-1,-1]])
B = np.array([[0],[1]])
C = np.array([[1,0]])
```

(续)

```
D = np.array([[0]])
sys = ss(A, B, C, D)
T = np.array([np.linspace(0,20,100)])
u = np.sin(T)
X0 = np.array([[0],[0]])
T, yout, xout = forced_response(sys, T, u, X0)
plt.plot(T,np.sin(T),color = 'red')
plt.plot(T,yout,label = 'output')
plt.show()
```

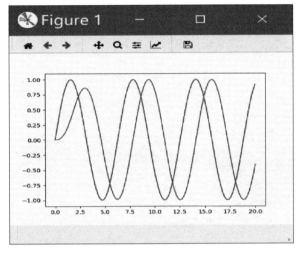

图 7.3　正弦控制信号的瞬态响应

7.2.2　单摆模型

如图 7.4 所示的单摆模型，它的系统动力模型表示为二阶微分方程：

$$\ddot{\theta} = -\frac{b}{ml}\dot{\theta} - \frac{g}{l}\theta$$

其中，b 为阻尼系数；l 为单摆线的长度。

将单摆模型的二阶微分方程转换为状态方程：

$$\begin{bmatrix} \dot{x}_1 \\ \dot{x}_2 \end{bmatrix} = \begin{bmatrix} 0 & 1 \\ -\frac{g}{l} & -\frac{b}{ml} \end{bmatrix} \cdot \begin{bmatrix} x_1 \\ x_2 \end{bmatrix}$$

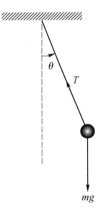

图 7.4　单摆模型

其中，状态向量（x_1，x_2）代表（θ，$\dot{\theta}$）。

代码清单 7.3 对单摆状态方程建模，设定摆锤质量 $m = 0.1$ 千克，摆线长度为 $l = 1$ 米，初始角度为 10 度，初速度为 0 （X0 = np.array([[10],[0]])）。在这一条件下，临界阻尼值 $b = 0.6260990336999411$。计算机模型对无阻尼、欠阻尼、过阻尼、临界阻尼 4 种情况进行模拟，分别选择参数 dt = b、dt = 0.5、dt = -0.5、dt = 0.0。代码清单 7.3 的运行结果如图 7.5 所示，绿线是无阻尼，蓝线是欠阻尼，橙线是过阻尼，红线是临界阻尼。

代码清单 7.3　单摆模型

```python
from control import *
import numpy as np
from matplotlib import pyplot as plt
m = 0.1
L = 1.0
g = 9.8
b = np.sqrt(9.8 * 4.0)/10.0
dt = 0.5
A = np.array([[0,1],[-g/L, -(b-dt)/(m*L)]])
B = np.array([[0],[0]])
C = np.array([[1,0]])
D = np.array([[0]])
sys = ss(A, B, C, D)
T = np.array([np.linspace(0,10,100)])
u = np.zeros(shape=[1,100])
print(u.shape)
X0 = np.array([[10],[0]])
T, yout, xout = forced_response(sys,T,u,X0)
plt.plot(T,yout,label='output')
plt.show()
```

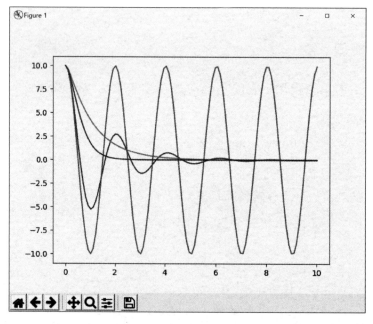

图 7.5　单摆模型的阻尼运动

扫码看彩图

7.3 混沌

混沌（Chaos）是现代科学的重要概念，是非线性科学的一个非常重要的内容。19 世纪末到 20 世纪初，庞加莱和李雅谱诺夫等人的研究，奠定了混沌学的科学基础，并推动人们进一步探索有关的问题。混沌学作为一门新兴的科学，是人类在认识大自然中的不规则性方面的一个举足轻重的突破。它已渗透到全部科学之中，其对全部科学的影响（包括自然科学、社会科学，乃至哲学）相当于微积分在 19 世纪对数理工程科学的影响。有人认为"20 世纪科学界将永远铭记的只有 3 件事，那就是相对论、量子力学和混沌"。相对论消除了关于绝对空间与时间的幻象；量子力学消除了关于可控测量过程的牛顿式梦想；而混沌则消除了拉普拉斯关于决定论式的可预测性的幻想。

混沌是近代非常引人注目的热点研究领域，它掀起了继相对论和量子力学以来基础科学的第 3 次革命。科学中的混沌概念不同于古典哲学和日常语言中的理解，简单地说，混沌是一种确定系统中出现的无规则运动。混沌理论所研究的是非线性动力学混沌，目的是要揭示貌似随机的现象背后可能隐藏的简单规律，以求发现一大类复杂问题普遍遵循的共同规律。

1963 年，Lorenz 在《大气科学》杂志上发表了《决定性的非周期流》一文，指出在气象行为的非周期性和不可预见性之间必然存在着一种联系，这就是非周期与不可预见性之间的联系。他还发现了混沌现象"对初始条件的极端敏感性"。这可以生动地用"蝴蝶效应"来比喻：在做天气预报时，只要一只蝴蝶扇一下翅膀，这一扰动就会在很远的另一个地方造成非常大的差异，将使长时间的预测无法进行。

在 20 世纪 60 年代研究的基础上，混沌学的研究开始进入高潮。1971 年，科学家在耗散系统中正式地引入了奇异吸引子的概念（如 Henon 吸引子、Lorenz 吸引子）。1975 年，J. York 和 T. Y lie 提出了混沌的科学概念。人们不但在理论上对混沌做更深层次的研究，而且努力在实验室中找寻奇异吸引子。J. York 在他的著名论文《周期 3 意味着混沌》中指出：在任何一维系统中，只要出现周期 3，则该系统也能出现其他长度的周期，即可以呈现完全的混沌。

在确定性的系统中发现混沌，改变了人们过去一直认为宇宙是一个可以预测的系统的看法。用决定论的方程，找不到稳定的模式，得到的却是随机的结果，彻底打破了拉普拉斯决定论式的可预测性的幻想。但人们同时发现过去许多被认为是噪声的信号，其实是一些简单的规则生成的。这些包含内在规则的"噪声"不同于真正的噪声，它们的这种规则是完全可以应用的。

7.3.1 兰顿蚂蚁模型

兰顿蚂蚁模型由克里斯托夫·兰顿在 1986 年提出，它由黑、白格子和一只"蚂蚁"构成，是一个二维图灵机。兰顿蚂蚁模型拥有非常简单的逻辑和复杂的表现。在 2000 年，兰顿蚂蚁模型的图灵完备性被证明。兰顿蚂蚁模型的想法后来被推广，如使用多种颜色等。

1. 游戏规则

在平面上的正方形格被填上黑色或白色，在其中一格正方形上有一只蚂蚁，它的头部朝向上下左右4个方位中的一方。
（1）如果蚂蚁在白格，右转90度，将该格改为黑格。
（2）如果蚂蚁在黑格，左转90度，将该格改为白格。
（3）蚂蚁前进一步，然后重复第（1）步。

2. 行为模式

上述简单的规则可以实现复杂的蚂蚁行为模式。如果初始状态是全白色背景，在一开始的数百步，蚂蚁留下的路线会出现许多对称或重复的形状，然后会出现类似混沌的伪随机，至约10000步后会出现以104步为周期无限重复的"高速公路"朝固定方向移动。在目前试过的所有初始状态，蚂蚁的路线最终都会变成高速公路，但尚无法证明这是无论任何初始状态都会导致的必然结果。

代码清单7.4为兰顿蚂蚁模型程序，运行结果如图7.6所示。

代码清单7.4 兰顿蚂蚁模型

```
import sys, pygame
from pygame.locals import *
import time
dirs = (
    (-1, 0),
    (0, 1),
    (1, 0),
    (0, -1)
)
cellSize = 12   # size in pixels of the board (4 pixels are used to draw the grid)
numCells = 64   # length of the side of the board
background = 0, 0, 0   # background colour; black here
foreground = 23, 23, 23   # foreground colour; the grid's colour; dark gray here
textcol = 177, 177, 177   # the colour of the step display in the upper left of the screen
antwalk = 44, 88, 44   # the ant's trail; greenish here
antant = 222, 44, 44   # the ant's colour; red here
fps = 1.0 / 40   # time between steps; 1.0 / 40 means 40 steps per second
def main():
    pygame.init()
    size = width, height = numCells * cellSize, numCells * cellSize
    pygame.display.set_caption("Langton's Ant")
    screen = pygame.display.set_mode(size)   # Screen is now an object representing the window in which we paint
    screen.fill(background)
    pygame.display.flip()   # IMPORTANT: No changes are displayed until this function gets called
    for i in range(1, numCells):
        pygame.draw.line(screen, foreground, (i * cellSize, 1), (i * cellSize, numCells * cellSize), 2)
        pygame.draw.line(screen, foreground, (1, i * cellSize), (numCells * cellSize, i * cellSize), 2)
```

(续)

```python
        pygame.display.flip()  # IMPORTANT: No changes are displayed until this function gets called
        font = pygame.font.Font(None, 36)
        antx, anty = int(numCells / 2), int(numCells / 2)
        antdir = 0
        board = [[False] * numCells for e in range(numCells)]
        step = 1
        pause = False
        while True:
            for event in pygame.event.get():
                if event.type == QUIT:
                    return
                elif event.type == KEYUP:
                    if event.key == 32:  # If space pressed, pause or unpause
                        pause = not pause
                    elif event.key == 115:
                        pygame.image.save(screen, "Step%d.tga" % (step))
            if pause:
                time.sleep(fps)
                continue
            text = font.render("%d" % (step), True, textcol, background)
            screen.blit(text, (10, 10))

            if board[antx][anty]:
                board[antx][anty] = False  # See rule 3
                screen.fill(background, pygame.Rect(antx * cellSize + 1, anty * cellSize + 1, cellSize - 2, cellSize - 2))
                antdir = (antdir + 1) % 4  # See rule 1
            else:
                board[antx][anty] = True  # See rule 3
                screen.fill(antwalk, pygame.Rect(antx * cellSize + 1, anty * cellSize + 1, cellSize - 2, cellSize - 2))
                antdir = (antdir + 3) % 4  # See rule 2
            antx = (antx + dirs[antdir][0]) % numCells
            anty = (anty + dirs[antdir][1]) % numCells
            # The current square (i.e. the ant) is painted a different colour
            screen.fill(antant, pygame.Rect(antx * cellSize + 1, anty * cellSize + 1, cellSize - 2, cellSize - 2))
            pygame.display.flip()  # IMPORTANT: No changes are displayed until this function gets called
            step += 1
            time.sleep(fps)

if __name__ == "__main__":
    main()
```

除了两种颜色分别让蚂蚁左转或右转，也可以定义更多种颜色进行循环。通用的表示方法是用 L 和 R 依序表示各颜色是左转还是右转，兰顿蚂蚁模型的规则即可表示为 RL。有些规则会产生对称或重复的形状。另外除了用方格，也可以用其他模式的格子，如六角形的格子。

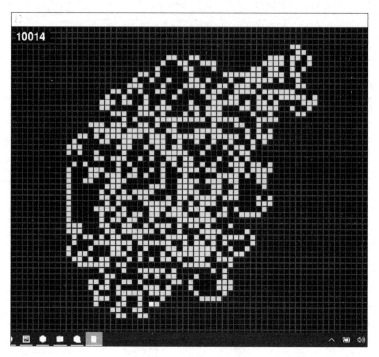

图 7.6　兰顿蚂蚁模型

扫码看彩图

7.3.2　蝴蝶效应

美国气象学家洛伦兹（E. N. Lorenz）是混沌理论的奠基者之一。20 世纪 50 年代末到 60 年代初，他的主要工作是从理论上进行长期天气预报研究。他在使用计算机模拟天气时意外发现，对于天气系统，哪怕初始条件的微小改变也会显著影响运算结果。随后，他在同事工作的基础上简化了自己先前的模型，得到了有 3 个变量的一阶微分方程组，由它描述的运动中存在一个奇异吸引子，即洛伦兹吸引子。

洛伦兹的工作结果最初在 1963 年发表，论文题目为 *Deterministic Nonperiodic Flow*，发表在 *Journal of the Atmospheric Sciences* 杂志上。如今，这一方程组已成为混沌理论的经典，也是"巴西蝴蝶扇动翅膀在美国引起得克萨斯的飓风"一说的肇始。它的形式看起来很简单：

$$\begin{cases} \dfrac{\mathrm{d}x}{\mathrm{d}t} = \sigma(y-x) \\ \dfrac{\mathrm{d}y}{\mathrm{d}t} = x(\rho-z) - y \\ \dfrac{\mathrm{d}z}{\mathrm{d}t} = xy - \beta z \end{cases}$$

式中，x 表示对流的翻动速率；y 正比于上流与下流液体温差；z 是垂直方向的温度梯度。x、y、

z 3 个变量变化剧烈,并且方程中的参数对结果非常敏感。其中,ρ、σ、β 是系统参数。代码清单 7.5 是上述系统的计算机模型代码,运行结果如图 7.7 所示(蝴蝶效应的动态截图)。

代码清单 7.5　蝴蝶效应

```python
import numpy as np
from scipy import integrate
from matplotlib import pyplot as plt
from mpl_toolkits.mplot3d import Axes3D
from matplotlib.colors import cnames
from matplotlib import animation
N_trajectories = 20
def lorentz_deriv(y_list, t0, sigma=10., beta=8./3, rho=28.0):
    x, y, z = y_list
    return [sigma * (y - x), x * (rho - z) - y, x * y - beta * z]
np.random.seed(1)
x0 = -15 + 30 * np.random.random((N_trajectories, 3))
t = np.linspace(0, 4, 1000)
x_t = np.asarray([integrate.odeint(lorentz_deriv, x0i, t)
                  for x0i in x0])
fig = plt.figure()
ax = fig.add_axes([0, 0, 1, 1], projection='3d')
ax.axis('off')
colors = plt.cm.jet(np.linspace(0, 1, N_trajectories))
lines = sum([ax.plot([], [], [], '-', c=c)
             for c in colors], [])
pts = sum([ax.plot([], [], [], 'o', c=c)
           for c in colors], [])
ax.set_xlim((-25, 25))
ax.set_ylim((-35, 35))
ax.set_zlim((5, 55))
ax.view_init(30, 0)
def init():
    for line, pt in zip(lines, pts):
        line.set_data([], [])
        pt.set_data([], [])
    return lines + pts
def animate(i):
    i = (2 * i) % x_t.shape[1]
    for line, pt, xi in zip(lines, pts, x_t):
        x, y, z = xi[:i].T
        line.set_data(x, y)
        line.set_3d_properties(z)
        pt.set_data(x[-1:], y[-1:])
        pt.set_3d_properties(z[-1:])
    ax.view_init(30, 0.3 * i)
    fig.canvas.draw()
    return lines + pts
anim = animation.FuncAnimation(fig, animate, init_func=init, frames=1000, interval=30, blit=True)
plt.show()
```

洛伦兹方程组是基于流体力学中的 Navier – Stokes 方程、热传导方程和连续性方程构建的，属于耗散系统。相空间中，耗散系统的终态都将收缩到吸引子的状态上。但对平庸吸引子来说，无论初值如何，终值只有一个，而奇异吸引子却是无数个点的集合，对初值极端敏感。例如，洛伦兹当年只是忽略了小数点 4 位以后的数值，得到的结果就有了相当大的偏差，甚至是完全相反。

再说所谓混沌，如庞加莱在《科学与方法》一书中所说，"初始条件的微小差异有可能在最终的现象中导致巨大的差异"，"预言变得不可能"。更准确的定义是：若初始值有一点小偏差，则因这一点偏差引起的轨道未来预报的不准确将会呈指数增长。混沌的判据是最大 Lyapunov 指数，该指数大于 0 则系统混沌。

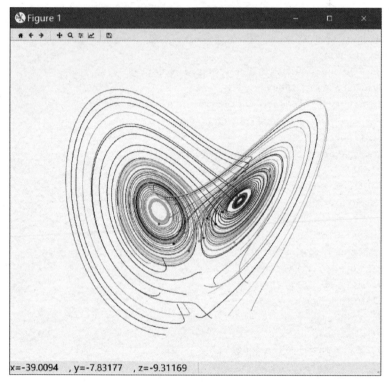

图 7.7 蝴蝶效应的动态截图

扫码看彩图

混沌理论也不一定要求系统形式上的复杂性，如描述洛伦兹吸引子的方程组就很简单。关键是，在简单的表象后面莫测的复杂。如今在混沌的研究中，计算机起了很大的作用。至于实际应用，混沌起作用的地方还是很多的，如天气系统、N 体运动中的轨道，乃至经济问题等。

7.3.3 Logistic 方程

1798 年，英国牧师 Malthus 在查看当地人口出生记录的时候发现，人口的变化率是和人口的数目成正比的，这个正比的关系被很多人认为是生态学上的一个基本假设：

$$\frac{\mathrm{d}x(t)}{\mathrm{d}t} = rx(t)$$

其中，函数 $x(t)$ 表示 t 时刻某个地区的人口总数（或是牛羊的数目或是细菌的数目）；r 是一个常数，表示人口的变化率。微分方程的解：

$$x(t) = Ce^{rt}$$

其中，C 为常数，表示 $t=0$ 时的初始人口数量。

方程的这个解说明，当 $r>0$ 时人口数量随时间增长，当 $r<0$ 时人口数量随时间减少，当 $r=0$ 时人口数量恒定不变。这个模型没有考虑环境因素的影响，人口数量增长的同时会受环境资源的限制。为了克服数量无限增长的问题，Verhulst 在 1838 年提出了 Logistic 方程：

$$\frac{dx}{dt} = rx\left(1 - \frac{x}{K}\right)$$

Logistic 方程表示人口数量除会按比例增长（$r>0$）外，同时受到环境容量的影响，方程中 K 为常量。人口数量越大，受环境容量的影响也越大，所以 $K>0$。对方程进行变量变换：$f = \frac{x}{K}$，方程调整后得到标准 Logistic 方程：

$$f = rf(1-f)$$

在研究生物种群的数量变化时，通常进行周期性观察，生物种群的繁衍也是周期性的。Logistic 方程的非线性差分方程：

$$f_{n+1} = rf(1-f_n)$$

这个差分方程可以表述生物种群数量的更迭，也可以理解为每一代种群的数量。Logistic 差分方程的迭代序列的收敛（方程的不动点）与增长参数 r 有关，并且关系十分复杂，这就是所谓的混沌分叉。

在代码清单 7.6 中，函数 logistic_eq（r, x），迭代返回下一代种群数量，其中参数 r 表示增长率，参数 x 是当前的种群数量。函数 logistic_equation_orbit（）实现一次种群数量迭代序列模拟，参数 seed 是种群的初始数量，参数 r 是种群的增长率，参数 n_iter 是迭代次数，参数 n_skip 表示开始记录的位置（前期种群的数量尚不稳定，经过相当长的迭代后，希望观察序列的周期变化规律）。函数 def bifurcation_diagram（），从固定的种群数量（seed=0.2）开始，从第 100 次迭代开始记录数据（n_skip=100），记录种群 10 个数据（n_iter=10），种群增长率 r 的变化范围是 r_min=2.8，r_max=4，变化步长是 step=0.0001。

代码清单 7.6　Logistic 方程

```
import numpy as np
import matplotlib.pyplot as plt
def logistic_eq(r, x):
    return r * x * (1 - x)
def logistic_equation_orbit(seed, r, n_iter, n_skip=0):
    X_t = []
    T = []
    t = 0
    x = seed;
```

(续)

```
        for i in range(n_iter + n_skip):
            if i >= n_skip:
                X_t.append(x)
                T.append(t)
                t += 1
            x = logistic_eq(r, x);
    plt.plot(T, X_t)
    plt.ylim(0, 1)
    plt.xlim(0, T[-1])
    plt.xlabel('Time t')
    plt.ylabel('X_t')
    plt.show()
def bifurcation_diagram(seed, n_skip, n_iter, step=0.0001, r_min=0, r_max=4):
    R = []
    X = []
    r_range = np.linspace(r_min, r_max, int(1 / step))
    for r in r_range:
        x = seed;
        for i in range(n_iter + n_skip + 1):
            if i >= n_skip:
                R.append(r)
                X.append(x)
            x = logistic_eq(r, x);
    plt.plot(R, X, ls='', marker=',')
    plt.ylim(0, 1)
    plt.xlim(r_min, r_max)
    plt.xlabel('r')
    plt.ylabel('X')
    plt.show()
# seed=0.2,从100开始记录5个周期,r从0到4
#bifurcation_diagram(0.2, 100, 5)
# seed=0.2,从100开始记录10个周期,r从0到4
#bifurcation_diagram(0.2, 100, 10)
# seed=0.2,从100开始记录10个周期,r从2.8到4
# bifurcation_diagram(0.2, 100, 10, step=0.00001, r_min=3.5, r_max=3.6)
bifurcation_diagram(0.2, 100, 10, step=0.00001, r_min=2.8, r_max=4)
```

运行结果如图7.8所示,其中蕴含很多深刻的信息。首先是分叉,从2.8到3.0之间迭代序列只有一个稳定点,表明种群数量稳定在一个数值上;从3.0到3.5附近,种群数量开始分叉,此处有大年小年的波动,这个时间周期与下一个时间周期的种群数量处于震荡状态;再往后出现再次分叉,表明种群数量的变化周期的长度从2增加到4,然后是从4增加到8,然后就出现复杂的混沌行为。

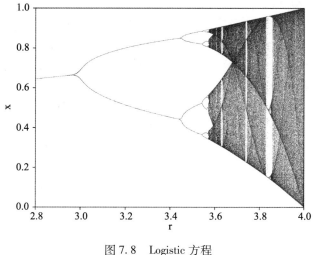

图 7.8　Logistic 方程　　　　　　　　　扫码看彩图

7.3.4　物种竞争模型

在同一个自然环境中生存的两个种群，即使它们之间不存在食物链关系，也存在各种资源竞争的关系。假设两个种群独自在这个自然环境中生存，数量演变都服从 Logistic 规律。又假设空间、食物等资源受限，当它们相互竞争时都会降低对方数量的增长速度，增长速度的降低都与它们数量的乘积成正比。按照这样的假设建立的常微分方程模型为：

$$\begin{cases} \dfrac{\mathrm{d}x_1}{\mathrm{d}t} = r_1 x_1 \left(1 - \dfrac{x_1}{N_1}\right) - a_1 x_1 x_2 \\ \dfrac{\mathrm{d}x_2}{\mathrm{d}t} = r_2 x_2 \left(1 - \dfrac{x_2}{N_2}\right) - a_2 x_1 x_2 \end{cases}$$

其中，变量 x_1、x_2 分别是物种 1 和物种 2 的数量；r_1、r_2 分别是两个物种的生长系数（对应 Logistic 方程中的 r 系数）；N_1、N_2 分别是两个物种的数量的上限；a_1、a_2 分别是两个物种的相互关系对每个物种的影响因子。

方程的第 1 项就是 Logistic 方程（参见 7.3.3），方程的第 2 项表示种群数量增长速度的降低与它们数量的乘积成正比。a_1 和 a_2 分别表示两个物种的种群内个体之间竞争的激烈程度，种群内个体之间的竞争越激烈，该值越大。

在以下代码表示的计算机模型中，初始参数设为：

$$\begin{cases} r_1 = 0.1,\ \dfrac{1}{N_1} = 0.002,\ a_1 = 0.0001 \\ r_2 = 0.3,\ \dfrac{1}{N_2} = 0.003,\ a_2 = 0.0002 \\ x_1(0) = 100,\ x_2(0) = 150 \end{cases}$$

该参数表明，物种 1 是一个增长相对缓慢的物种，但是种群内竞争较小，长远来看，物种 1 物种占优。代码清单 7.7 中，用关键函数 odeint（deriv, yinit, t, args =（a, b, c, d, e, f））求解上述微分方程，种群数量初值为 yinit，各参数设定 p = [0.1, 0.002,

0.0001,0.3,0.003,0.0002,100,150]。

代码清单 7.7 的运行结果如图 7.9 所示,物种 2 开始增长较快,达到最大值后开始缓慢下降,最后稳定在 250;而物种 1 则保持相对较慢的增长速度,直到平衡点 375。

系统的稳定性可以通过绘制系统的方向场进行研究。下面代码段在方向场中标注了预先计算的零矢量位置,共 4 个点(x0 = np.array([0,0,1/0.002,375]),y0 = np.array([0,1/0.003,0,250]))。函数 plt.quiver(x,y,s/r,t/r,r)对每个点的矢量的模进行了归一化。

代码清单 7.7　物种竞争模型

```
from scipy.integrate import odeint
import numpy as np
from scipy.optimize import leastsq
import matplotlib.pyplot as plt
plt.rcParams['font.sans-serif'] = ['SimHei']
plt.rcParams['axes.unicode_minus'] = False
t = np.arange(0,100,0.1)
def deriv(w,t,a,b,c,d,e,f):
    x,y = w
    return np.array([a*(1-b*x)*x-c*y*x, d*(1-e*y)*y-f*x*y])
p =[0.1,0.002,0.0001,0.3,0.003,0.0002,100,150]
a,b,c,d,e,f,x0,y0 =p
yinit = np.array([x0,y0])
yyy = odeint(deriv,yinit,t,args =(a,b,c,d,e,f))
plt.figure(figsize =(7,5))
plt.plot(t,yyy[:,0],"b-",label ="$x_1$变化曲线")
plt.plot(t,yyy[:,1],"r-",label ="$x_2$变化曲线")
plt.plot([0,100],[250,250],"g--")
plt.plot([0,100],[375,375],"g--")
plt.xlabel(u'时间 t')
plt.ylabel(u'物种量')
plt.title(u'两竞争物种的变化曲线')
plt.legend(loc =4)
plt.show()
```

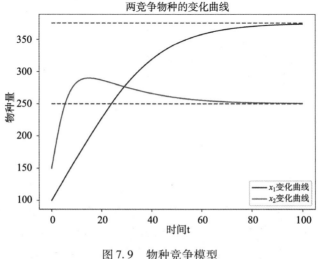

图 7.9　物种竞争模型

扫码看彩图

代码清单 7.8 绘制的相图如图 7.10 所示，代码清单 7.9 绘制的相轨线簇图如图 7.11 所示。相轨线簇图中并没有封闭的相轨线，因此方程并不存在周期振荡的解。从方向场图（图 7.10 相图和图 7.11 相轨线簇图）中可以比较容易地判断 4 个平衡点的稳定性。

代码清单 7.8　绘制相图

```python
import numpy as np
import matplotlib.pyplot as plt
plt.rcParams['font.sans-serif'] = ['SimHei']
plt.rcParams['axes.unicode_minus'] = False
p = [0.1, 0.002, 0.0001, 0.3, 0.003, 0.0002]
x0 = np.array([0,0,1/0.002,375])
y0 = np.array([0,1/0.003,0,250])
a,b,c,d,e,f = p
x,y = np.mgrid[-100:601:25, -100:501:25]
s = a*(1-b*x)*x-c*y*x
t = d*(1-e*y)*y-f*x*y
r = np.sqrt(s**2+t**2)
plt.figure(figsize=(7*1.2,6))
plt.plot([-100,600],[1/0.003,1/0.003],'r--',alpha=0.5)
plt.plot([-100,600],[250,250],'r--',alpha=0.5)
plt.plot([500,500],[-100,500],'r--',alpha=0.5)
plt.plot([375,375],[-100,500],'r--',alpha=0.5)
plt.scatter(x0,y0,s=75,color='green',label='平衡点')
plt.quiver(x,y,s/r,t/r,r)
plt.colorbar()
plt.xlim(-100,601)
plt.ylim(-100,501)
plt.xlabel(u'$x_1$')
plt.ylabel(u'$x_2$')
plt.title(u'生物竞争模型的方向场图')
plt.legend()
plt.show()
```

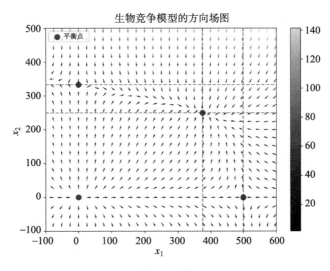

图 7.10　相图

代码清单7.9 绘制相轨线簇图

```python
import numpy as np
import matplotlib.pyplot as plt
plt.rcParams['font.sans-serif'] = ['SimHei']  #这两句用来正常显示中文标签
plt.rcParams['axes.unicode_minus'] = False
x0 = np.array([0,0,1/0.002,375])
y0 = np.array([0,1/0.003,0,250])
p = [0.1, 0.002, 0.0001, 0.3, 0.003, 0.0002]
a,b,c,d,e,f = p
y, x = np.mgrid[-100:501:5, -100:601:5]
s = a*(1-b*x)*x-c*y*x
t = d*(1-e*y)*y-f*x*y
r = np.sqrt(s**2+t**2)
plt.figure(figsize=(7*1.2,6))
plt.plot([-100,600],[1/0.003,1/0.003], 'b--',alpha=0.5)
plt.plot([-100,600],[250,250], 'b--',alpha=0.5)
plt.plot([500,500],[-100,500], 'b--',alpha=0.5)
plt.plot([375,375],[-100,500], 'b--',alpha=0.5)
plt.plot([0,0],[-100,500], 'b--',alpha=0.5)
plt.plot([-100,600],[0,0], 'b--',alpha=0.5)
plt.scatter(x0,y0, s=75,color='green',label='平衡点')
plt.streamplot(x, y, s, t, color=r, density=1.5, linewidth=1, cmap=plt.cm.autumn)
plt.colorbar()
plt.xlim(-100,601)
plt.ylim(-100,501)
plt.xlabel(u'$x_1$')
plt.ylabel(u'$x_2$')
plt.title(u'生物竞争模型的相轨线簇图')
plt.legend()
plt.show()
```

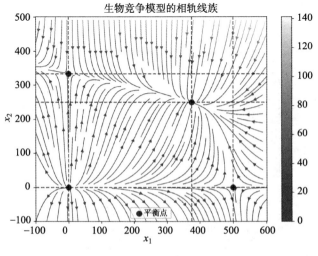

图7.11　相轨线簇图

扫码看彩图

(1) 第 1 个平衡点，即左下方的 (0, 0)，也就是 2 个物种数量都是 0 的情况，属于不稳定平衡点，所有的箭头都朝着远离该平衡点的方向，这意味着平衡点附近微小的扰动，将会导致最终远离平衡点。也就是说，只要有小量物种在这里生存，最终都将繁衍起来，达到另外的平衡点。

(2) 第 2 个平衡点在左上方，也就是只有物种 2 的情形，属于不稳定平衡点（鞍点），只有过该点的竖直线上的箭头指向该点，其余所有的箭头都朝着远离该平衡点的方向，这说明该平衡点稳定性比 (0, 0) 要强，但是同样不稳定，只要有小量物种 1 的存在，都会由于竞争而远离目前的平衡点。

(3) 第 3 个平衡点在右下方，也就是只有物种 1 的情形，属于不稳定平衡点（鞍点），只有过该点的水平线上的箭头指向该点，其余所有的箭头都朝着远离该平衡点的方向，这说明该平衡点稳定性比 (0, 0) 要强，但是同样不稳定，只要有小量物种 2 的存在，都会由于竞争而远离目前的平衡点。

(4) 第 4 个平衡点在位置 (375, 250)，2 个物种都存在且达到平衡，属于稳定平衡点，该点附近所有的箭头指向该点，这说明即使偏离该平衡点，最终还是会回到该平衡点。

7.3.5 Mandelbrot 集合

Mandelbrot 集合可以用下面的复二次多项式定义：

$$f(z) = z^2 + c$$

其中，c 是一个复参数。对于每一个 c，从 $z = 0$ 开始对函数 $f(z)$ 进行迭代。

序列 $(0, f(0), f(f(0)), f(f(f(0))), \cdots)$ 的值，或者延伸到无限大，或者只停留在有限半径的圆盘内。Mandelbrot 集合就是使以上序列不发散的所有 c 点的集合。从数学上来讲，Mandelbrot 集合是一个复数的集合。一个给定的复数 c，或者属于 Mandelbrot 集合，或者不属于。用程序绘制 Mandelbrot 集合时不能进行无限次迭代，最简单的方法是使用逃逸时间（迭代次数）进行绘制，具体算法如下所述。

判断每次调用函数 $f(x)$ 得到的结果是否在半径 R 之内，即复数的模小于 R，记录模大于 R 时的迭代次数，迭代最多进行 N 次，不同的迭代次数的点使用不同的颜色绘制。

代码清单 7.10 首先绘制了以点 $(-0.5, 0)$ 为中心，长、宽为 3.0 的矩形内的 Mandelbrot 点集，然后绘制在点 $(0.27322626, 0.595153338)$ 附近，0.21、0.22、0.23、0.24、0.25 为正负范围的矩阵的 Mandelbrot 点集。如图 7.12 所示，我们可以看到逐步放大的图像内包含无限丰富的细节。

代码清单 7.10　Mandelbrot 集合

```
import numpy as np
import pylab as pl
import time
from matplotlib import cm
def iter_point(c):
    z = c
    for i in range(1, 100):    # 最多迭代 100 次
        if abs(z) > 2: break   # 半径大于 2 则认为逃逸
```

（续）

```python
            z = z * z + c
        return i   # 返回迭代次数
def draw_mandelbrot(cx, cy, d):
    x0, x1, y0, y1 = cx - d, cx + d, cy - d, cy + d
    y, x = np.ogrid[y0:y1:200j, x0:x1:200j]
    c = x + y * 1j
    start = time.time()
    mandelbrot = np.frompyfunc(iter_point, 1, 1)(c).astype(np.float)
    print("time =", time.time() - start)
    pl.imshow(mandelbrot, cmap=cm.Blues_r, extent=[x0, x1, y0, y1])
    pl.gca().set_axis_off()
x, y = 0.27322626, 0.595153338
pl.subplot(231)
draw_mandelbrot(-0.5, 0, 1.5)
for i in range(2, 7):
    pl.subplot(230 + i)
    draw_mandelbrot(x, y, 0.2 ** (i - 1))
pl.subplots_adjust(0.02, 0, 0.98, 1, 0.02, 0)
pl.show()
```

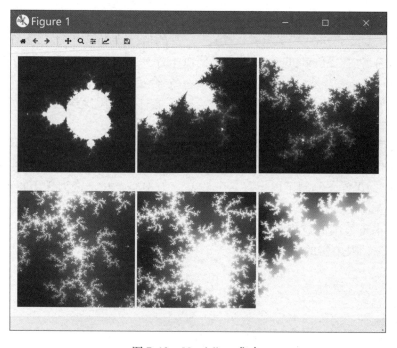

图7.12　Mandelbrot 集合

第 8 章

分形模型

著名物理学家惠勒说过,谁不知道熵概念就不能被认为是科学上的文化人,将来谁不知道分形概念,也不能称其为有知识。

8.1 分形概述

20 世纪 70 年代中期,由芒德勃罗创立的分形几何学,是探索复杂性的有效工具,它的出现对各门自然科学产生了深远影响。

几何学是用来描述物体空间结构的一门数学分支,传统的几何学可以对光滑、规则的形体进行精确描述,是以此为基础的严密和完整的理论体系。而普遍存在的一系列自然界中的物体并不是光滑、规则的,它们通常是错综复杂的,如海岸线、树枝、山脉、星系分布、云朵、聚合物、天气模式、大脑皮层褶皱、肺部支气管分支及血液微循环管道等。这些事物利用传统几何学工具几乎无法描述,甚至无法近似描述。

19 世纪的数学家也凭借想象创造出了一些不光滑、不规则的形体或空间形式,如 Cantor 集(如图 8.1 所示,从拓扑学角度看,它是紧致的、完全不连通的完备集,而且具有连续统的基数,但测度为 0)、Weierstrass 函数(如图 8.2 所示)、Koch 曲线(如图 8.3 所示,通过简单的函数迭代方法生成的处处连续处处不可微曲线)、Sierpinski 三角形(如图 8.4 所示)和 Sierpinski 海绵(如图 8.5 所示)等。这些空间形体由于无法用传统的 Euclid 几何语言描述其局部和整体性质,被经典的数学称为"数学怪物"(Mathematical Monsters)。

芒德勃罗从这些古怪现象着手,提出了分维数的概念,从而确立了分形几何的基本理论框架。通过这一理论,上述困惑数学界多年的古怪现象终于有了简单而明确的解释。

在 Euclid 空间中,维数的概念只能是正整数,如点的维数是 0、线的维数是 1、面的维数是 2 等。任何低维空间中的形体在高维空间中的测度必然是零,如点在一维空间的测度是 0、线在二维空间的测度是 0 等。如果希望得到有意义的有限值测度,必须使用相同维空间的单位度量进行测量。

我们来看 1904 年瑞典数学家 Von Koch 设计的一条被称为 Koch 的曲线。如图 8.6 所示,设 E_0 为单位区间 [0, 1],第 1 步($n=1$),以 E_0 的中间三分之一线段为底,向上做一个等边三角形,然后去掉区间 (1/3, 2/3),得一条 4 段折线 E_1;第 2 步($n=2$),对 E_1 的每个线段重复上述过程,得到 Koch 曲线。

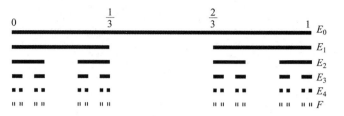

图 8.1 Cantor 集

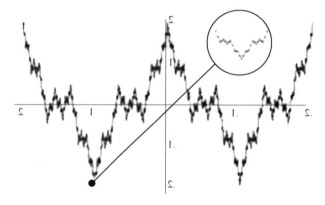

图 8.2 Weierstrass 函数

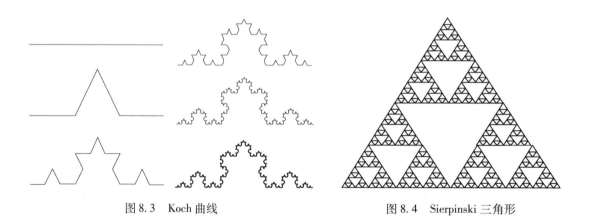

图 8.3 Koch 曲线 　　　　　　　　　图 8.4 Sierpinski 三角形

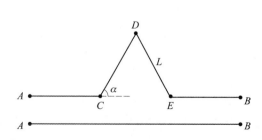

图 8.5 Sierpinski 海绵 　　　　　　　图 8.6 Koch 曲线的生成

现在我们计算 Koch 曲线的长度。经过第 1 步以后，曲线长度为 4/3，以后每经过一步，曲线是原来的 4/3 倍，因此当趋于无限时，Koch 曲线的长度是无穷大。

用一维空间的单位度量测量 Koch 曲线的测度是无穷大，显然用二维空间的单位度量（单位面积）测量 Koch 曲线的测度是 0。在仅具有整数维数的 Euclid 空间中，作为有限形体的 Koch 曲线无法对应一个有限的度量，从而 Euclid 几何学对此类问题无能为力。

芒德勃罗提出的分数维数概念可以非常符合逻辑地解决这类形体的测度问题。他的基本思想是描述度量空间结构的维数可以从正整数的限制推广到正实数。不同的测量方法引入了多种有关维数的定义，如相似维数、Hausdorff 维数、容量维数、量规维数等。这里简单介绍相似维数的定义。

一般地，若把某个图形的长度（或标度）缩小到原图形的 $1/R$ 时，得到 N 个和原图形相似的小图形。则通过下面公式定义的 D 就是分数维数，也称为相似维数：

$$D = \frac{\log_2 N}{\log_2 R}$$

此定义与原来的空间维数定义是一致的。例如，二维空间的正方形，边长缩小 $1/2$（$R=2$）可以得到 4 个相似的小正方形（$N=4$），按公式计算维数等于 2；三维空间的立方体，边长缩小 $1/2$（$R=2$）可以得到 8 个相似的小正方形（$N=8$），按公式计算维数等于 3。

再如 Koch 曲线，$R=3$，即图形缩小为原图的 $1/3$ 时，得到 $N=4$ 个相似的小图形。此时 $D=1.261859507142915$，此维数高于一维低于二维，但接近一维。这个非整数维数，体现了该曲线的复杂性。

有了非整数维数的确切定义，是否就可以得到有关分形的定义呢？答案是否定的。事实上，虽然分形概念自出现到现在已有近 50 年的历史，有众多的各学科科学家投入分形现象研究或利用分形理论解决实际问题，形成了全球性的"分形热"，但是分形概念目前没有严格的数学定义。有关什么是分形，却有大量定性的描述，如具有精细结构、极为不规则以至于无法用传统的几何学描述、具有自相似或统计意义上的自相似性、一般情况分形维数大于拓扑维数、通常通过简单的或递归的过程产生等。表 8.1 对 Euclid 几何和分形几何进行了简单比较。

表 8.1 Euclid 几何和分形几何的简单比较

Euclid 几何	分形几何
经典的（2000 多年历史）	现代怪物（40 多年历史）
基于特征长度与比例	无特征长度与比例
适合于人工制品	适合于大自然现象
用公式描述	用（递归或迭代）算法描述

8.2 分形应用

分形现象普遍存在，几乎所有的树木花草都具有分形性质。通常枝叶密度越高，分形图像的维数越大。有人曾经对曲阜一株古柏树的一幅仰视照片进行分析，估计分形维数在 1.67 左右。一般植物的分形维数介于 1.28 和 1.79 之间，平均为 1.5。

基于计算机的自然形态模拟和仿真具有非常重要的理论意义和应用价值。分形模拟自然形态所涉及的主要学科包括计算机图形学、仿射几何、形式语言等。通过对自然形态的分形研究，理论上可以进一步了解事物及演化的本质规律，在实际应用方面，如科学可视化、虚拟现实等。

自然形态模拟的基本目标是利用计算机图形学手段尽可能真实地再现大自然巧夺天工的造型，如雪花、冰凌、地貌、海岸、树木、草丛、云彩等大自然中的静态事物。由于这类事物的外观具有无限丰富的细节，通常将这类事物称为分形物体。分形物体无法直接利用传统的 Euclid 几何进行精确描述，而分形几何是描述分形物体的有效工具。

分形也广泛存在于社会现象之中。例如，城市是一个复杂系统。虽然目前科学界对复杂系统没有严格的定义，但复杂系统所具有的特征是明确的，包括分形结构、自组织临界性、复杂网络等基本特征。本书第 11 章城市空间模型将研究虚拟城市空间模型，包括城市的分形结构和城市系统中的复杂网络等。

推荐一个包含丰富的分形应用模型的网站：http://fractalfoundation.org/。

8.3　分形建模方法

本节介绍 2 种常用的分形建模方法：L 系统（L-systems）和迭代函数系统（IFS）。

8.3.1　L 系统（L-systems）

L-systems 是指并行字符串重写系统，由一个称为种子的初始字符串和一组规则组成。这些规则用于指定如何将字符串中的符号重写为（替换为）字符串。我们来看一个简单的 L-systems。

种子：A

规则 1：A→AB

规则 2：B→BA

L-systems 以种子 A 开头，并根据规则迭代重写该字符串。在每次迭代时，派生一个新的字符串（单词）。n 是推导长度或迭代次数。

n=0：A

n=1：AB（依据规则 1，A 生成 AB）

n=2：ABBA（依据规则 1，A 生成 AB；依据规则 2，B 生成 BA）

n=3：ABBABAAB

n=4：ABBABAABBAABABBA

……

每个字符串代表一个单词。所有可能出现的单词集合构成了某个 L-systems 语言。L-systems 有很多不同类型，如确定性、随机、上下文无关、上下文敏感、参数化、定时等，这些都取决于系统规则及系统应用规则的方式。

L-systems 有着广泛的应用，如神经网络模拟、草本植物模拟、城市的演化模拟、艺术品设计、音乐创作等。代码清单 8.1 运用 6 个 L-systems 规则生成 6 个分形图案，如图 8.7 所示。

代码清单 8.1　L – systems

```python
from math import sin, cos, pi
import matplotlib.pyplot as pl
from matplotlib import collections
class L_System(object):
    def __init__(self, rule):
        info = rule['S']
        for i in range(rule['iter']):
            ninfo = []
            for c in info:
                if c in rule:
                    ninfo.append(rule[c])
                else:
                    ninfo.append(c)
            info = "".join(ninfo)
        self.rule = rule
        self.info = info
    def get_lines(self):
        d = self.rule['direct']
        a = self.rule['angle']
        p = (0.0, 0.0)
        l = 1.0
        lines = []
        stack = []
        for c in self.info:
            if c in "Ff":
                r = d * pi / 180
                t = p[0] + l* cos(r), p[1] + l* sin(r)
                lines.append(((p[0], p[1]), (t[0], t[1])))
                p = t
            elif c == "+":
                d += a
            elif c == "-":
                d -= a
            elif c == "[":
                stack.append((p,d))
            elif c == "]":
                p, d = stack[-1]
                del stack[-1]
        return lines
rules = [{"F":"F+F--F+F", "S":"F",
          "direct":180,
          "angle":60,
```

```python
              "iter":5,
              "title":"Koch"},
             {"X":"X + YF + ", "Y":" - FX - Y", "S":"FX",
              "direct":0,
              "angle":90,
              "iter":13,
              "title":"Dragon"},
             {"f":"F - f - F", "F":"f + F + f", "S":"f",
              "direct":0,
              "angle":60,
              "iter":7,
              "title":"Triangle"},
             {"X":"F - [[X] + X] + F[ + FX] - X", "F":"FF", "S":"X",
              "direct": -45,
              "angle":25,
              "iter":6,
              "title":"Plant"},
             {"S":"X", "X":" - YF + XFX + FY - ", "Y":" + XF - YFY - FX + ",
              "direct":0,
              "angle":90,
              "iter":6,
              "title":"Hilbert"},
             {"S":"L - - F - - L - - F", "L":" + R - F - R + ", "R":" - L + F + L - ",
              "direct":0,
              "angle":45,
              "iter":10,
              "title":"Sierpinski" }]
def draw(ax, rule, iter = None):
    if iter! = None:
        rule["iter"] = iter
    lines = L_System(rule).get_lines()
    linecollections = collections.LineCollection(lines)
    ax.add_collection(linecollections, autolim = True)
    ax.axis("equal")
    ax.set_axis_off()
    ax.set_xlim(ax.dataLim.xmin, ax.dataLim.xmax)
    ax.invert_yaxis()
fig = pl.figure(figsize = (7,4.5))
fig.patch.set_facecolor("w")
for i in range(6):
    ax = fig.add_subplot(231 + i)
    draw(ax, rules[i])
fig.subplots_adjust(left =0, right =1, bottom =0, top =1, wspace =0, hspace =0)
pl.show()
```

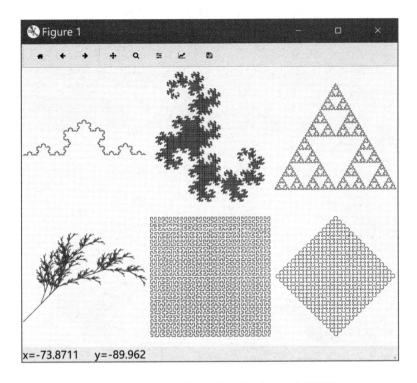

图 8.7 L – systems 的 6 个规则生成 6 个分形图案

8.3.2 迭代函数系统

迭代函数系统（Iterated Function System，IFS）由 Michael Barnsley 开发。该系统能够使用非常小的数字组创建逼真的图像。它可以将几乎任何级别的复杂性和细节的场景编码为一小组数字，从而可以实现高分辨率图像的惊人压缩比。Michael Barnsley 的拼贴定理提供了将自然图像转换为 IFS 代码的基础，并使用随机迭代算法将数据"解码"回图像。IFS 代码实际上是一组仿射变换。仿射变换将点映射回它来自的相同点集。例如，宽度为 W、高度为 H 的图形平面，如计算机屏幕；想象一个应用仿射变换的矩形；变换可以缩放、拉伸、倾斜和旋转矩形，仍然将其保持在宽度 W 和高度 H 的图形平面的范围内。生成的图像是分形的。

对于二维情况，仿射变换具有以下形式：

$$\begin{cases} x_{n+1} = ax_n + by_n + e \\ y_{n+1} = cx_n + dy_n + f \end{cases}$$

式中，系数 $a \sim f$ 是 IFS "代码"。给定图像通常需要多次变换，每次变换都有自己的系数集。在随机迭代算法中，为每个变换分配概率 p。在每轮迭代中，使用概率作为选择中的因子随机选择其中一个变换，并且将变换的点绘制在图形平面上。图像随着点的绘制出现。

1. IFS 的枫叶模型

枫叶模型使用 4 个仿射变换。系数和概率在表 8.2 中给出。

表 8.2　枫叶模型使用 4 个仿射变换

a	b	c	d	e	f	p
0.14	0.01	0.00	0.51	−0.08	−1.31	0.10
0.43	0.52	−0.45	0.50	1.49	−0.75	0.35
0.45	−0.49	0.47	0.47	−1.62	−0.74	0.35
0.49	0.00	0.00	0.51	0.02	1.62	0.20

图 8.8 的两幅图像显示了枫叶，一种通过 IFS 区域变形形成的图案。图中可以看出枫叶和看起来像枫叶的放在一起的碎片，体现了分形的自相似性。

图 8.8　枫叶　　　　　　　　　　　　　　　　　扫码看彩图

2. IFS 的蕨类植物模型

IFS 是一种用来创建分形图案的算法，它所创建的分形图案永远是绝对自相似的。变换方程的一般形式如下：

$$\begin{cases} x_{n+1} = Ax_n + By_n + C \\ y_{n+1} = Dx_n + Ey_n + F \end{cases}$$

这种变换被称为二维仿射变换，它是从二维坐标到其他二维坐标的线性映射，保留直线性和平行性，即原来是直线上的坐标，变换之后仍然成一条直线，原来是平行的直线，变换之后仍然是平行的。这种变换我们可以看作是一系列平移、缩放、翻转和旋转变换构成的。

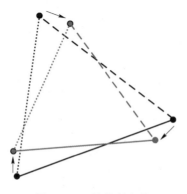

图 8.9　二维仿射变换　　　　　　　　　　　　　扫码看彩图

为了直观地显示二维仿射变换，我们可以使用平面上的两个三角形来表示。因为二维仿射变换公式中有6个未知数：A、B、C、D、E、F，而每两个点之间的变换决定两个方程，因此一共需要3组点来决定6个变换方程，正好是两个三角形，如图8.9所示。

从红色三角形的每个顶点变换到绿色三角形的对应顶点，正好能够决定二维仿射变换中的6个参数。这样我们可使用$N+1$个三角形，决定N个二维仿射变换，其中的每一个变换的参数都是由第0个三角形和其他的三角形决定的。这第0个三角形我们称为基础三角形，其余的三角形称为变换三角形。

为了绘制IFS的图像，我们还需要给每个二维仿射变换方程指定一个迭代概率的参数。此参数也可以通过三角形直观地表达出来：迭代概率和变换三角形的面积成正比，即迭代概率为变换三角形的面积除以所有变换三角形的面积之和。下面直接通过绘制一种蕨类植物的树叶来说明IFS算法。模型包含4个线性函数将二维平面上的坐标进行线性映射变换：

函数1：

$x(n+1) = 0$

$y(n+1) = 0.16 \cdot y(n)$

函数2：

$x(n+1) = 0.2 \cdot x(n) - 0.26 \cdot y(n)$

$y(n+1) = 0.23 \cdot x(n) + 0.22 \cdot y(n) + 1.6$

函数3：

$x(n+1) = -0.15 \cdot x(n) + 0.28 \cdot y(n)$

$y(n+1) = 0.26 \cdot x(n) + 0.24 \cdot y(n) + 0.44$

函数4：

$x(n+1) = 0.85 \cdot x(n) + 0.04 \cdot y(n)$

$y(n+1) = -0.04 \cdot x(n) + 0.85 \cdot y(n) + 1.6$

所谓迭代函数是指将函数的输出再次当做输入进行迭代计算，因此上面公式都是通过坐标$[x(n),y(n)]$计算变换后的坐标$[x(n+1),y(n+1)]$。现在的问题是有4个迭代函数，迭代时选择哪个函数进行计算呢？我们为每个函数指定一个概率，它们依次为1%、7%、7%和85%。选择迭代函数时，通过每个函数的概率随机选择一个函数进行迭代。上面的例子中，第4个函数被选择迭代的概率最高，如表8.3所示。

最后我们从坐标原点（0，0）开始迭代，将每次迭代所得到的坐标绘制成图，就得到了树叶的分形图案。代码清单8.2演示了这一计算过程，运行结果如图8.10所示。

表8.3 生成蕨类植物树叶的仿射变换

a	b	c	d	e	f	p
0.00	0.00	0.00	0.16	0.00	0.00	0.01
0.85	0.04	−0.04	0.85	0.00	1.60	0.85
0.20	−0.26	0.23	0.22	0.00	1.60	0.07
−0.15	0.28	0.26	0.24	0.00	0.44	0.07

代码清单 8.2　仿射变换生成蕨类植物的树叶

```python
import numpy as np
import matplotlib.pyplot as pl
import time
# 蕨类植物叶子的迭代函数和其概率值
eq1 = np.array([[0, 0, 0], [0, 0.16, 0]])
p1 = 0.01
eq2 = np.array([[0.2, -0.26, 0], [0.23, 0.22, 1.6]])
p2 = 0.07
eq3 = np.array([[-0.15, 0.28, 0], [0.26, 0.24, 0.44]])
p3 = 0.07
eq4 = np.array([[0.85, 0.04, 0], [-0.04, 0.85, 1.6]])
p4 = 0.85
def ifs(p, eq, init, n):
    # 迭代向量的初始化
    pos = np.ones(3, dtype=np.float)
    pos[:2] = init
    # 通过函数概率,计算函数的选择序列
    p = np.add.accumulate(p)
    rands = np.random.rand(n)
    select = np.ones(n, dtype=np.int) * (n - 1)
    for i, x in enumerate(p[::-1]):
        select[rands < x] = len(p) - i - 1
    # 结果的初始化
    result = np.zeros((n, 2), dtype=np.float)
    c = np.zeros(n, dtype=np.float)
    for i in range(n):
        eqidx = select[i]   # 所选的函数下标
        tmp = np.dot(eq[eqidx], pos)   # 进行迭代
        pos[:2] = tmp   # 更新迭代向量
        # 保存结果
        result[i] = tmp
        c[i] = eqidx
    return result[:, 0], result[:, 1], c
start = time.time()
x, y, c = ifs([p1, p2, p3, p4], [eq1, eq2, eq3, eq4], [0, 0], 100000)
time.time() - start
pl.figure(figsize=(6, 6))
pl.subplot(121)
pl.scatter(x, y, s=1, c="g", marker="s", linewidths=0)
pl.axis("equal")
pl.axis("off")
pl.subplot(122)
pl.scatter(x, y, s=1, c=c, marker="s", linewidths=0)
pl.axis("equal")
pl.axis("off")
pl.subplots_adjust(left=0, right=1, bottom=0, top=1, wspace=0, hspace=0)
pl.gcf().patch.set_facecolor("white")
pl.show()
```

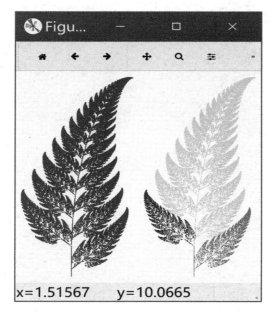

图 8.10　仿射变换生成蕨类植物的树叶

扫码看彩图

3. IFS 生成雪花

IFS 采用不同的参数也可以生成雪花。运行代码清单 8.3 生成的雪花如图 8.11 所示。

代码清单 8.3　IFS 生成雪花

```python
import numpy as np
from PIL import Image
import random
mat = [[0.5, -0.5, 0.5, 0.5, 0.0, 0.0, 0.5],
       [-0.5, -0.5, 0.5, -0.5, 1.0, 0.0, 0.5]]
imgx = 512
imgy = 512 # will be auto-re-adjusted
m = len(mat)
x = mat[0][4]
y = mat[0][5]
xa = x
xb = x
ya = y
yb = y
for k in range(imgx * imgy):
    p = random.random()
    psum = 0.0
    for i in range(m):
        psum += mat[i][6]
        if p <= psum:
            break
```

```python
            x0 = x * mat[i][0] + y * mat[i][1] + mat[i][4]
            y  = x * mat[i][2] + y * mat[i][3] + mat[i][5]
            x = x0
            if x < xa:
                xa = x
            if x > xb:
                xb = x
            if y < ya:
                ya = y
            if y > yb:
                yb = y
imgy = int(round(imgy * (yb - ya) / (xb - xa)))  # auto-re-adjust the aspect ratio
image = Image.new("L", (imgx, imgy))
x = 0.0
y = 0.0
for k in range(imgx * imgy):
    p = random.random()
    psum = 0.0
    for i in range(m):
        psum += mat[i][6]
        if p <= psum:
            break
    x0 = x * mat[i][0] + y * mat[i][1] + mat[i][4]
    y  = x * mat[i][2] + y * mat[i][3] + mat[i][5]
    x = x0
    jx = int((x - xa) / (xb - xa) * (imgx - 1))
    jy = (imgy - 1) - int((y - ya) / (yb - ya) * (imgy - 1))
    image.putpixel((jx, jy), 255)
image.save("IFS.png", "PNG")
image.show()
```

图 8.11　IFS 生成的雪花

8.4　分形设计

一方面，分形几何可以用来描述自然景观、植物形态、城市空间布局等；另一方面，我们可以有意识地将分形机制应用到设计中。以下案例都非常简单，但足以说明分形设计的重要意义。

Turtle（海龟作图）是经典的命令作图方法。Turtle 图形通常用于对 L 系统编码的解释。L 系统的派生字符串可以解释为 Turtle 指令的线性序列，Turtle 将指令解释为运动和几何构造动作。在计算机图形学中，Turtle 能够简单地移动并携带一支笔，完成"向前移动""左转""抬笔"和"落笔"等指令。每个指令都会修改 Turtle 在绘图中的当前位置、方向和笔位置。

本节以下分形图案均由 Turtle 工具生成。

8.4.1　Sierpinski 三角形

使用代码清单 8.4 绘制二维 Sierpinski 三角形，如图 8.12 所示。

代码清单 8.4　二维 Sierpinski 三角形

```python
import turtle
PROGNAME = 'Sierpinski Triangle'
myPen = turtle.Turtle()
myPen.ht()
myPen.speed(5)
myPen.pencolor('orange')
points = [[-175,-125],[0,175],[175,-125]] #size of triangle
def getMid(p1,p2):
    return ((p1[0]+p2[0]) / 2, (p1[1] + p2[1]) / 2) #find midpoint
def triangle(points,depth):
    myPen.up()
    myPen.goto(points[0][0],points[0][1])
    myPen.down()
    myPen.goto(points[1][0],points[1][1])
    myPen.goto(points[2][0],points[2][1])
    myPen.goto(points[0][0],points[0][1])
    if depth > 0:
        triangle([points[0],
                  getMid(points[0], points[1]),
                  getMid(points[0], points[2])],
                 depth - 1)
        triangle([points[1],
                  getMid(points[0], points[1]),
                  getMid(points[1], points[2])],
                 depth - 1)
        triangle([points[2],
                  getMid(points[2], points[1]),
                  getMid(points[0], points[2])],
                 depth - 1)
triangle(points,4)
```

图 8.12 二维 Sierpinski 三角形

8.4.2 万花筒

代码清单 8.5 通过很简单的循环程序可以生成千变万化的万花筒图案，如图 8.13 所示。

代码清单 8.5 万花筒

```
import turtle
import time
import random
print("This program draws shapes based on the number you enter in a uniform pattern.")
num_str = input("Enter the side number of the shape you want to draw: ")
if num_str.isdigit():
    squares = int(num_str)
angle = 180 - 180 * (squares - 2) / squares
turtle.up
x = 0
y = 0
turtle.setpos(x, y)
numshapes = 8
for x in range(numshapes):
    turtle.color(random.random(), random.random(), random.random())
    x += 5
    y += 5
    turtle.forward(x)
    turtle.left(y)
    for i in range(squares):
        turtle.begin_fill()
        turtle.down()
        turtle.forward(40)
        turtle.left(angle)
```

（续）
```
            turtle.forward(40)
            print(turtle.pos())
            turtle.up()
            turtle.end_fill()
time.sleep(11)
turtle.bye()
```

图8.13　万花筒　　　　　　　　　　　　　　　　扫码看彩图

8.4.3　树

代码清单8.6通过递归算法生成一个二维树，如图8.14所示。

代码清单8.6　二维树

```
from turtle import Turtle, mainloop
def tree(plist, l, a, f):
    if l > 5:
        lst = []
        for p in plist:
            p.forward(l)
            q = p.clone()
            p.left(a)
            q.right(a)
            lst.append(p)
            lst.append(q)
        tree(lst, l* f, a, f)
def main():
    p = Turtle()
    p.color("green")
    p.pensize(5)
    p.hideturtle()
    p.speed(10)
    p.left(90)
    p.penup()
    p.goto(0,-200)
    p.pendown()
    t = tree([p], 200, 65, 0.6375)
main()
```

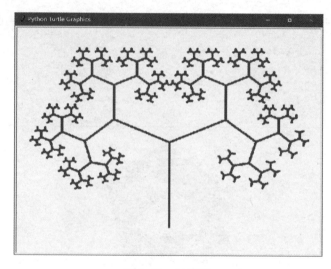

图 8.14　二维树

8.4.4　自然地貌模拟

自然地貌是典型的分形结构，从高空俯瞰地面，远眺或近看，会呈现无标度的自相似分形结构。以下模型通过高程数据的分形迭代模拟自然地貌，包括随机自然地貌模型、基于径向基函数的分形地貌模型和基于高程数据的真实地貌模型。

1. 随机自然地貌模型

代码清单 8.7 使用纯粹的随机高程数据形成随机自然地貌模型，如图 8.15 所示，仅仅在相邻点之间建立了一些相关性。

代码清单 8.7　随机自然地貌模型

```
import numpy, random
from mayavi import mlab
levels = 11
size = 2 ** (levels - 1)
height = numpy.zeros((size + 1, size + 1))
for lev in range(levels):
  step = size // 2 ** lev
  for y in range(0, size + 1, step):
    jumpover = 1 - (y // step) % 2 if lev > 0 else 0
    for x in range(step * jumpover, size + 1, step * (1 + jumpover)):
      pointer = 1 - (x // step) % 2 + 2 * jumpover if lev > 0 else 3
      yref, xref = step * (1 - pointer // 2), step * (1 - pointer % 2)
      corner1 = height[y - yref, x - xref]
      corner2 = height[y + yref, x + xref]
      average = (corner1 + corner2) / 2.0
      variation = step * (random.random() - 0.5)
      height[y,x] = average + variation if lev > 0 else 0
xg, yg = numpy.mgrid[-1:1:1j*size, -1:1:1j*size]
surf = mlab.surf(xg, yg, height, colormap='gist_earth', warp_scale='auto')
mlab.show()
```

图 8.15 随机自然地貌模型　　　　　　　　　　扫码看彩图

2. 基于径向基函数的分形地貌模型

地貌的形态虽然复杂，但其分布也是有规律的。这里我们假设局部的地貌的起伏满足二维正态分布 N（μ_1，μ_2，σ_1，σ_2，ρ），其中包含了 5 个参数。例如，当参数分别为 $\mu_1 = 0$、$\mu_2 = 0$、$\sigma_1 = 0.334$、$\sigma_2 = 0.49$、$\rho = 0$ 时，形成如图 8.16 所示的二维正态分布。结合分形结构，以随机位置为中心，随机设置二维正态分布的 5 个参数建立地貌模型，可以模拟十分接近真实的地貌结构。

该模型不仅可以自动生成高度仿真的地貌数据，还可以用于真实高程数据的压缩。高程数据通常是海量数据，非常不利于处理和传输，而利用其正态分布特征这一假设，可以用径向基函数拟合真实的高程数据，从而大幅度压缩数据。

代码清单 8.8 用 300 个不同参数的径向基函数生成了 20000 个点的高程数据。代码清单 8.9 是高程数据的三维呈现代码，运行结果如图 8.17 所示。

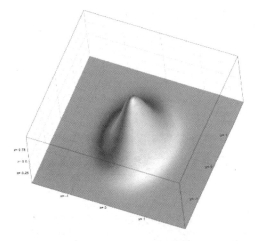

图 8.16　二维正态分布　　　　　　　　　　扫码看彩图

第 8 章　分形模型　177

代码清单 8.8　高程数据生成代码

```python
import numpy as np
from vpython import *
import gdal
scene.width = 1200
scene.height = 600
scene.range = 50
pic_width =200
pic_length =100
pic_height =16
im_width = 100 #栅格矩阵的列数
im_height = 200 #栅格矩阵的行数
def hill(alpha=0,A=1,x0=0.0,y0=0.0,xa=1,yb=1,T=50):
    t = np.array([[np.cos(alpha),np.sin(alpha)],[-np.sin(alpha),np.cos(alpha)]])
    z = np.ndarray([im_height+1,im_width+1])
    #p=np.array([0,0])
    for i in range(im_height):
        for j in range(im_width):
            p = t.dot(np.array([ (x[i,j]-x0), (y[i,j]-y0) ]))
            t1 = (p[0]/xa)**2 + (p[1] /yb)**2
            z[i,j] =A* np.exp(-t1/T)
    return z
x,y = np.mgrid[-100:100:201j,-50:50:101j]
num1=300
th =np.random.uniform(1,50,[num1,1])
ah =np.random.uniform(-0.5,2.5,[num1,1])
aa =np.random.uniform(0,2*np.pi,[num1,1])
pt =np.random.uniform(-1,1,[num1,2])
pt[:,0]=pt[:,0]*90
pt[:,1]=pt[:,1]*40
z = hill(alpha=0, A=0, x0=0.0, y0=0.0, xa=2, yb=1, T=50)
for i in range(num1):
    z +=hill(alpha=aa[i][0],A=ah[i][0],x0=pt[i,0],y0=pt[i,1],xa=2,yb=1,T=th[i][0])
tstr='data1.txt'
np.savetxt(tstr,[pt[:,0],pt[:,1],ah[:,0],th[:,0]])
np.savetxt("hillx"+tstr,x)
np.savetxt("hilly"+tstr,y)
np.savetxt("hillz"+tstr,z)
```

代码清单 8.9　高程数据的三维呈现代码

```python
import numpy as np
from vpython import *
import gdal
scene.width = 1200
```

(续)

```
scene.height = 600
scene.range = 50
pic_width =200
pic_length =100
pic_height =16
#im_width = 100  #栅格矩阵的列数
#im_height = 200  #栅格矩阵的行数
tstr ='data1.txt'
x =np.loadtxt("hillx" +tstr)
y =np.loadtxt("hilly" +tstr)
z =np.loadtxt("hillz" +tstr)
verts = []
for j in range(x.shape[1] -1):
    verts.append([])
    for i in range(x.shape[0] -1):
        if i <x.shape[0] -2:
            cvt1 = vector(x[i,j], y[i,j], z[i,j])
            cvt2 = vector(x[i +1,j], y[i +1,j], z[i +1,j])
        if j <x.shape[1] -2:
            cvt3 = vector(x[i,j +1], y[i,j +1], z[i,j +1])
        rt1 =0.1
        tcolor = (cvt3 - cvt1).cross(cvt2 - cvt1) + vector(np.random.uniform( - rt1,rt1),np.random.uniform( - rt1,rt1),np.random.uniform( - rt1,rt1))
        print(tcolor)
        verts[j].append(vertex(pos =vector(x[i,j], y[i,j], z[i,j]), normal =tcolor, color =color.gray(0.5),
                              shininess =0.8))
for i in range(x.shape[1] -2):   # from 0 to h, not including h
    print(i)
    for j in range(x.shape[0] -2):   # from 0 to w, not including w
        quad(vs =[verts[i][j], verts[i][j + 1], verts[i + 1][j + 1], verts[i + 1][j]])
scene.background =color.blue
scene.ambient = =color.gray(0.5)
scene.lights.append(distant_light(direction =vec(1,1, - 10), color =color.gray(0.8)))
```

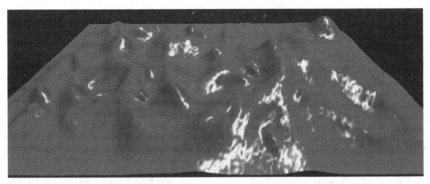

图8.17　基于径向基函数生成的地貌模型

扫码看彩图

第8章　分形模型　179

3. 基于高程数据的真实地貌模型

直接使用公开的高程数据建立地貌模型是最简单直接的方法。遗憾的是，目前公开的高程数据的最大精度是 30×30 平方米每像素，对于一般的应用这个分辨率比较低。此外，也没有公开的建筑物的地基和高度信息。如果需要这些信息必须自己采样，但采样的成本是比较高的，有些数据的采样还会有相关国家法律的限制。代码清单 8.10 用公开的 30×30 平方米每像素的高程数据生成济南市南部山区真实地貌模型，运行结果如图 8.18 所示。

代码清单 8.10　济南市南部山区真实地貌模型

```
import numpy as np
from vpython import *
#import gdal
from osgeo import gdal
scene.width = 1200
scene.height = 600
scene.range = 19
pic_width =200
pic_length =100
pic_height =20
dataset1 = gdal.Open(r'./data/N36E117.hgt')
im_width = 300 #栅格矩阵的列数
im_height = 200 #栅格矩阵的行数
# 核心位置
xc1 =206 -50
xc2 =1309
newim = dataset1.ReadAsArray(xc1 -100,xc2 -50,im_width,im_height) #获取数据
im_data =np.ndarray([200,300])
for i in range(200):
    for j in range(300):
        im_data[i,j] =newim[i,299 -j]
d_max =np.max(im_data)
print(d_max)
dx =pic_width/im_width
dy =pic_length/im_height
dz =pic_height/d_max
x =np.ndarray([im_height,im_width])
y =np.ndarray([im_height,im_width])
z =np.ndarray([im_height,im_width])
for k in range(im_width):
    for u in range(im_height):
        if im_data[u][k]<0:
            im_data[u][k] =np.average([im_data[u+1][k],im_data[u -1][k],im_data[u][k+1],im_data[u][k -1]])
        x[u,k] = -pic_width/2 +k* dx
        y[u,k] = -pic_length/2 +u* dy
```

```
                if im_data[u][k] >=0:
                    z[u,k] = (im_data[u][k])* dz
verts = []
for j in range(im_width):   # from 0 to h inclusive, to include both bottom and top edges
    verts.append([])
    for i in range (im_height):   # from 0 to w inclusive, to include both left and right edges
        if i < im_height -1:
            cvt1 = vector(x[i, j], y[i, j], z[i, j])
            cvt2 = vector(x[i+1, j], y[i+1, j], z[i+1, j])
        if j < im_width -1:
            cvt3 = vector(x[i, j+1], y[i, j+1], z[i, j+1])
        rt1 = 0.1
         tcolor = (cvt3 - cvt1).cross (cvt2 - cvt1) + vector (np. random. uniform ( - rt1, rt1), np. random. uniform ( - rt1, rt1), np. random. uniform ( - rt1, rt1))
        print(tcolor)
        verts[j]. append(vertex(pos = vector(x[i, j], y[i, j], z[i, j]), normal = tcolor, color = color. gray(0.5),
                              shininess =0.8))
for i in range(im_width -1):   # from 0 to h, not including h
    print(i)
    for j in range(im_height -1):   # from 0 to w, not including w
        quad(vs =[verts[i][j], verts[i][j + 1], verts[i + 1][j + 1], verts[i + 1][j]])
scene. background = color. blue
scene. ambient = = color. gray (0.5)
scene. lights. append(distant_light (direction = vec ( 1, 1, -10), color = color. gray (0.8)))
```

图 8.18　济南市南部山区真实地貌模型　　　　扫码看彩图

第 9 章

预测和学习模型

认知模型是智能体对所处环境的变化和规律的认识。认知过程可以通过回答3个问题"What""Why"和"How"来实现，即"是什么""怎么"和"为什么"，简称3M认知模型。"What"是关于事物本质的问题，"Why"是对原因的探讨，"How"则是提供"应该怎么做"。本章所讨论的模型属于统计预测模型和学习模型。近年来，认知模型和人工智能发展迅速，作为系统模型的一个种类，这里仅做简单介绍。

9.1 统计预测模型

统计预测是对事物的发展趋势和未来的数量表现做出推测和估计的理论和技术。统计预测以自然现象和社会现象的发展规律为依据，以充分的统计资料和信息为基础，以统计方法和数学方法为手段，配合适当的数学模型，通过推理和计算，找出该事物数量变化的规律，对事物未来情况从数量上做出比较肯定的推断，即从该事物未来可能出现的多种数量表现中，指出在一定概率保证下的可能范围。统计预测作为一种预测技术被广泛应用于社会现象和自然现象的各个方面，在经济预测、社会预测、气象预测及科学技术预测等各个领域中起着重要的作用。统计预测模型种类繁多，本章仅介绍几个具有代表性的经典模型。

Python 软件包 Statsmodels（http://www.statsmodels.org），用于拟合多种统计预测模型，执行统计测试及数据探索和可视化。Statsmodels 主要包含经典的频率学派统计方法。机器学习模型在软件包 Sklearn 中，将在 9.2 节简要介绍。

下面介绍几个常见的统计预测模型。

9.1.1 回归模型

回归模型是一个重要的统计预测模型，用于预测输入变量和输出变量之间的关系。回归模型是表示输入变量到输出变量之间映射的函数。回归问题的学习等价于函数拟合：使用一条函数曲线，使其很好地拟合已知函数且很好地预测未知数据。

回归问题按照输入变量的个数可以分为一元回归和多元回归；按照输入变量和输出变量之间关系的类型，可以分为线性回归和非线性回归。下面用最小二乘法建立一个多元线性回归模型。

1. 多元线性回归

虽然在互联网上有很多真实的案例数据，但是为了方便起见，这里生成一个随机数据序列，并对生成的随机数据序列进行线性回归分析，研究相应的回归系数。

代码清单 9.1 产生 100 个数值的随机序列。函数 dnorm（mean，variance，size = 1）生成 size 个均值为 mean、方差为 variance 的随机数。X 是三维随机序列，由以下多元函数生成 100 个数值的随机序列：

$$y = X \times \begin{pmatrix} 0.1 \\ 0.3 \\ 0.5 \end{pmatrix} + e + 10$$

其中，e 是均值为 0、方差为 0.1 的随机数。

使用代码清单 9.1 建立多元线性回归模型。其中，函数 sm.add_constant（X）的作用是给矩阵 X 增加用于进行回归的常数列，X 矩阵的维数是（100，3），X_model 矩阵的维数是（100，4），y 矩阵的维数是（100，）。用函数 model.fit（）进行回归，得到模型参数：

[10.01254802　0.04931831　0.22314396　0.49671823]

代码清单 9.1　多元线性回归模型

```
import statsmodels.api as sm
import numpy as np
import matplotlib.pyplot as plt
def dnorm(mean, variance, size =1):
    if isinstance(size, int):
        size = size
    return mean + np.sqrt(variance) * np.random.randn(size)
np.random.seed(1000)
N = 100
X = np.c_[dnorm(0, 0.4, size =N),
          dnorm(0, 0.3, size =N),
          dnorm(0, 0.2, size =N)]
eps = dnorm(0, 0.1, size =N)
beta = [0.1, 0.3, 0.5]
y = np.dot(X, beta) + eps +10
X_model = sm.add_constant(X)
model = sm.OLS(y, X_model)
results = model.fit()
print(results.params)
w =np.array([10.01254802, 0.04931831,0.22314396,0.49671823])
p =np.dot(X_model,w)
plt.plot(p,label ='regression data')
plt.plot(y,label ='original data')
plt.legend()
plt.show()
```

如图 9.1 所示，可以观察原始数据和回归数据的拟合情况，橙色线是带随机分量的原始数据，蓝色线是回归数据。所得模型参数（10.01254802　0.04931831　0.22314396

0.49671823）与建立模型的参数（10　0.1　0.3　0.5）是吻合的。

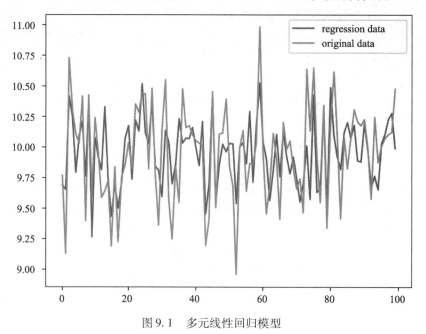

图 9.1　多元线性回归模型

扫码看彩图

2. 非线性回归

一元非线性回归方程可以转换为以下形式的多元一次回归方程：

$$y = \sum_{i=0}^{n} a_i x^i$$

对于非线性序列的回归，最简便的方法是应用多项式回归，类似泰勒展开，求每个幂次项的系数；然后再将多项式回归，用多元一次回归方程求解，其中每个幂次项对应一个元。如三角函数：

$$\sin(x) = \sum_{i=0}^{n} a_i x^i$$

非线性回归的系数：

[-4.94190770e-01　8.22197892e-04 -3.15446736e-02　3.93291442e-01

-1.91972719e+00　3.14738799e+00]

代码清单 9.2 的运行结果如图 9.2 所示，其中可以看到蓝色曲线拟合橙色曲线（正弦曲线）。这里使用 5 次多项式拟合正弦曲线存在一定误差，如果提高多项式的次数可以减少误差。

代码清单 9.2　非线性回归

```
import statsmodels.api as sm
import numpy as np
import matplotlib.pyplot as plt
def dnorm(mean, variance, size=1):
    if isinstance(size, int):
        size = size
```

（续）

```
        return mean + np.sqrt(variance) * np.random.randn(size)
np.random.seed(1000)
N = 100
x = np.linspace(0,10,N)
y = np.sin(x)
X = np.c_[x**5,x**4,x**3,x**2,x]
X_model = sm.add_constant(X)
model = sm.OLS(y, X_model)
results = model.fit()
print(results.params)
w = np.array(results.params)
p = np.dot(X_model,w)
plt.plot(x,p,label = 'regression data')
plt.plot(x,y,label = 'original data')
plt.legend()
plt.show()
```

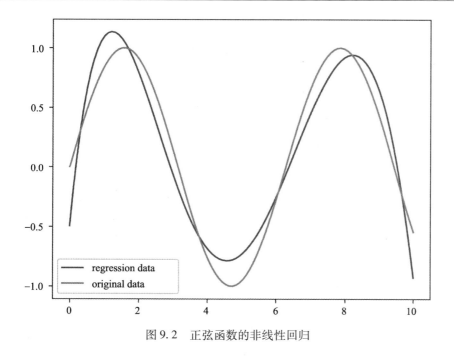

图 9.2　正弦函数的非线性回归

扫码看彩图

9.1.2　时间序列分析模型

时间序列就是按照时间顺序排列的一组数据序列。时间序列分析就是发现这组数据的变动规律并用于预测的统计技术。对时间序列进行分析的最终目的，是通过分析序列进行合理预测，提前掌握未来发展趋势，为决策提供依据。

时间序列分析模型有很多，本节介绍自回归模型（Autoregressive Model）和卡尔曼滤波模型（Kalman Filtering Model）。

1. 自回归模型

自回归模型描述当前值与历史值之间的关系，用变量自身的历史时间数据对自身进行预测。P 阶自回归过程的公式定义为：

$$y_t = \mu + \sum_{i=1}^{p} r_i y_{t-i} + \varepsilon_t$$

其中，y_t 是当前值；μ 是常数项；r_i 是自相关系数；ε_t 是随机误差。P 阶的意思是当前值和前面 P 个值相关。自回归模型（AR）是差分自回归移动平均模型（Autoregressive Integrated Moving Average Mode，ARIMA 模型）的基础。

代码清单 9.3 生成一个随机序列，随机序列具有 2 阶自相关，延迟参数分别是 0.8 和 -0.4。

代码清单 9.3　自回归模型

```
init_x = 4
import random
import matplotlib.pyplot as plt
import numpy as np
import statsmodels.api as sm
import statsmodels.formula.api as smf
def dnorm(mean, variance, size=1):
    if isinstance(size, int):
        size = size
    return mean + np.sqrt(variance) * np.random.randn(size)
values = [init_x, init_x]
N = 1000
b0 = 0.8
b1 = -0.4
noise = dnorm(0, 0.1, N)
for i in range(N):
    new_x = values[-1] * b0 + values[-2] * b1 + noise[i]
    values.append(new_x)
MAXLAGS = 5
model = sm.tsa.AR(values)
results = model.fit(MAXLAGS)
print(results.params)
```

当我们拟合一个自回归模型，我们可能不知道延迟的时间是多少，所以可以在拟合时设定一个比较大的延迟数字，参数 MAXLAGS 是最大延迟。

结果里的预测参数，第一个数字接近 0，是常数项，之后是延迟系数：

array([-0.00616093, 0.78446347, -0.40847891, -0.01364148,
0.01496872, 0.01429462])

其中，0.78446347 和 -0.40847891 十分接近 0.8 和 -0.4，再后的 3 个数字接近为 0，说明随机序列具有 2 阶自相关。

以自回归模型为基础，ARIMA 模型是非常实用的时间序列分析模型，有兴趣的读者可以进一步深入研究。

2. 卡尔曼滤波模型

卡尔曼滤波是一种利用线性系统状态方程，通过系统输入/输出观测数据，对系统状态进行最优估计的算法。由于观测数据中包括系统中的噪声和干扰的影响，所以最优估计也可看作是滤波过程。

数据滤波是去除噪声还原真实数据的一种数据处理技术。卡尔曼滤波在测量方差已知的情况下能够从一系列存在噪声的数据中，估计动态系统的状态。由于它便于计算机编程实现，并能够对现场采集的数据进行实时的更新和处理，卡尔曼滤波是目前应用最为广泛的滤波方法，在通信、导航、制导与控制等多领域得到了较好的应用。卡尔曼滤波模型如下：

$$\begin{cases} x_k = F_k x_{k-1} + B_k u_k + w_k \\ z_k = H_k x_k + v_k \end{cases}$$

假设 k 时刻的真实状态 x_k 是从 $k-1$ 时刻的状态 x_{k-1} 演化而来的。其中，F 是作用在 x_{k-1} 上的状态变换矩阵；B 是作用在控制器向量 u 上的输入控制矩阵；w 是过程噪声，并假定其服从均值为零、协方差矩阵为 Q 的多元正态分布：

$$w_k \sim N(0, Q_k)$$

z_k 是在时刻 k 对真实状态 x_k 的一个测量。其中，H 是观测变换矩阵，它把真实状态空间映射成观测空间；v_k 是观测噪声，其服从均值为零、协方差矩阵为 R 的正态分布：

$$v_k \sim N(0, R_k)$$

卡尔曼滤波器的操作包括 2 个阶段：预测阶段和更新阶段。

在预测阶段，卡尔曼滤波器通过对上一状态的估计，做出对当前状态的估计：

$$\begin{cases} \hat{x}_{k|k-1} = F_k \hat{x}_{k-1|k-1} + B_k u_k \\ P_{k|k-1} = F_k P_{k-1|k-1} F_k^T + Q_k \end{cases}$$

其中，第一个公式是根据最近状态进行预估计的，同时更新后验估计误差协方差矩阵 P，以更新度量估计值的精确程度。

在更新阶段，卡尔曼滤波器利用当前状态的观测值优化预测阶段获得的预测值，以获得一个更精确的新估计值。首先要算出 3 个量——测量余量、测量余量协方差、最优卡尔曼增益：

$$\begin{cases} \overline{y_k} = z_k - H_k \hat{x}_{k|k-1} \\ S_k = H_k P_{k|k-1} H_k^T + R_k \\ K_k = P_{k|k-1} H_k^T S_k^{-1} \end{cases}$$

然后用它们来更新卡尔曼滤波器变量 x 与 P：

$$\begin{cases} \hat{x}_{k|k} = \hat{x}_{k|k-1} + K_k \overline{y_k} \\ P_{k|k} = (I - K_k H_k) P_{k|k-1} \end{cases}$$

下面通过一个简单案例说明上述过程。假设有一辆小车在路上做直线运动，该小车在

t 时刻的状态表示为向量：

$$x_t = \begin{pmatrix} P_t \\ v_t \end{pmatrix}$$

其中，P 代表位置；v 代表速度。为了简化，假设小车是无动力的，下一个时刻小车的状态除了遵守牛顿第一定律（匀速直线运动），还与测量小车状态的误差有关。代码清单9.4描述了这个过程的卡尔曼滤波模型。初始位置：

$$\text{x\_mat} = \begin{pmatrix} 0 \\ 0 \end{pmatrix}$$

在代码清单 9.4 中，小车以 2.5 米/秒的速度运动 30 秒，小车位置测量周期为 0.1 秒，测量受到方差为 1 的高斯噪声影响。p_mat 表示初始状态协方差矩阵，f_mat 表示状态转移矩阵，q_mat 表示状态转移协方差矩阵。如图 9.3 所示，小车的速度在 2.5 米/秒附近波动。

从图 9.3 中我们可以看到，在噪声和观测误差的影响下，系统经过 5 秒左右的调整开始比较准确地观测到小车的运动状态。

代码清单9.4　卡尔曼滤波

```
import numpy as np
import matplotlib.pyplot as plt
pt = 30  #运行时间单位,秒数
dt = 0.1 #预测样本间隔,秒
v = 2.5  #运动速度,米/秒
# 创建观测值序列
z = np.mat(v* np.arange(0,pt,dt))
# 创建一个方差为1的高斯噪声,精确到小数点后两位
noise = np.mat(np.round(np.random.normal(0,1,int(pt/dt)),2))
# 将 z 的观测值和噪声相加
z_mat = z + noise
# 定义 x 的初始状态
x_mat = np.mat([[0,],[0,]])
# 定义初始状态协方差矩阵
p_mat = np.mat([[1,0],[0,1]])
# 定义状态转移矩阵,因为每秒钟采一次样,所以 delta_t = 1
f_mat = np.mat([[1, dt],[0, 1]])
# 定义状态转移协方差矩阵,这里我们把协方差设置的很小,因为觉得状态转移矩阵准确度高
q_mat = np.mat([[0.0001, 0], [0, 0.0001]])
# 定义观测矩阵
h_mat = np.mat([1, 0])
# 定义观测噪声协方差
r_mat = np.mat([1])
```

(续)

```
    for i in range(int(pt/dt)):
        x_predict = f_mat * x_mat
        p_predict = f_mat * p_mat * f_mat.T + q_mat
        kalman = p_predict * h_mat.T / (h_mat * p_predict * h_mat.T + r_mat)
        x_mat = x_predict + kalman * (z_mat[0, i] - h_mat * x_predict)
        p_mat = (np.eye(2) - kalman * h_mat) * p_predict
        plt.plot(x_mat[0, 0], x_mat[1, 0], 'ro', markersize=3)
plt.show()
```

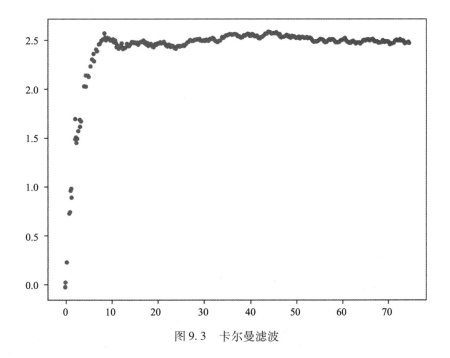

图 9.3　卡尔曼滤波

9.2　机器学习模型

机器学习是人工智能的一个重要分支。自 2007 年发布以来，Scikit – Learn（简称 Sklearn）已经成为 Python 重要的机器学习库，支持包括分类、回归、降维和聚类 4 大机器学习算法，还包含了特征提取、数据处理和模型评估 3 大模块。Sklearn 是 SciPy 的扩展，建立在 NumPy 和 Matplotlib 库的基础上。利用这几大模块的优势，可以大大提高机器学习的效率。

本节我们通过基于 Sklearn 的案例，介绍几个常用的学习模型。

9.2.1　有监督的学习模型

有监督的学习模型分为分类模型和回归模型，分类模型也叫分类器。本小节介绍的 KNN 模型、贝叶斯模型、SVM、决策树属于分类模型，Logistic 回归属于回归模型。

第 9 章　预测和学习模型　189

1. KNN 模型

KNN 模型，即 K 近邻法（K - Nearest Neighbor，KNN），是一种基本分类与回归方法。对测试实例，基于某种距离度量找出训练集中与其最靠近的 k 个实例点，然后基于这 k 个最靠近的实例点的信息来进行预测。K 近邻法不具有显式的学习过程，实际上它是懒惰学习（Lazy Learning）的著名代表，此类学习技术在训练阶段仅仅是把样本保存起来，训练时间开销为零，待收到测试样本后再进行处理。

采用 K 近邻法需要确定 3 个基本要素：距离度量、k 值的选择和分类决策规则。在代码清单 9.5 中，距离度量采用欧氏距离，k 值为 3，分类决策规则采用多数表决制。

代码清单 9.5　KNN 模型

```python
from numpy import *
import operator
from os import listdir
import matplotlib
import matplotlib.pyplot as plt
def classify0(inX, dataSet, labels, k):
    dataSetSize = dataSet.shape[0]
    diffMat = tile(inX, (dataSetSize,1)) - dataSet
    sqDiffMat = diffMat**2
    sqDistances = sqDiffMat.sum(axis=1)
    distances = sqDistances**0.5
    sortedDistIndicies = distances.argsort()
    classCount = {}
    for i in range(k):
        voteIlabel = labels[sortedDistIndicies[i]]
        classCount[voteIlabel] = classCount.get(voteIlabel,0) + 1
    sortedClassCount = sorted(classCount.items(), key=operator.itemgetter(1), reverse=True)
    return sortedClassCount[0][0]
def createDataSet():
    group = array([[1.0,1.3],[1.0,1.0],[0,0],[0,0.3]])
    labels = ['A','A','B','B']
    return group, labels
pt1 = [0.3,0.5]
pt2 = [0.6,0.7]
plt.plot(pt1[0],pt1[1],'ko',markersize=10)
plt.plot(pt2[0],pt2[1],'ko',markersize=10)
g,l = createDataSet()
s1 = classify0(pt1,g,l,3)
s2 = classify0(pt2,g,l,3)
print(s1,s2)
lg = []
for i in range(len(g)):
```

```
            if l[i] = = 'A':
                plt.plot(g[i][0],g[i][1],'ro',markersize =10)
            else:
                plt.plot(g[i][0], g[i][1],'bo',markersize =10)
    plt.show()
```

代码清单9.5中的函数createDataSet（）用于获得训练集数据，包括点坐标和分类标签。函数classify0（inX，dataSet，labels，k）是分类器，其中inX是测试样本，dataSet是数据集，labels是测试数据对应的分类标签，k是选择近邻的数量。如图9.4所示，红色点标签为'A'，蓝色点标签为'B'，黑色点是测试点，从左到右的分类结果是（'B'，'A'）。

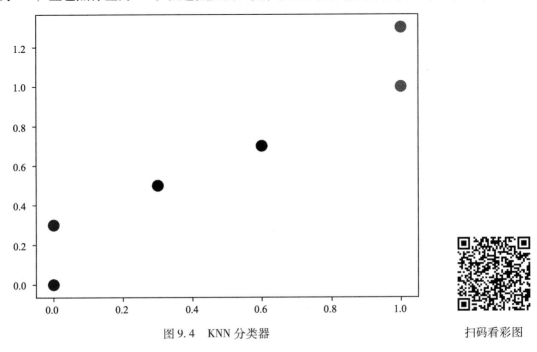

图9.4　KNN 分类器

扫码看彩图

读者可以从网站 https：//github.com/wepe/MachineLearning/tree/master/KNN/，下载手写阿拉伯数字的训练数据集和测试集，可以运行代码清单9.6进一步测试上述分类器的性能。

代码清单9.6　KNN 分类器

```
from os import listdir
from numpy import *
import operator
def classify0(inX, dataSet, labels, k):
    dataSetSize = dataSet.shape[0]
    diffMat = tile(inX, (dataSetSize,1)) - dataSet
    sqDiffMat = diffMat* *2
    sqDistances = sqDiffMat.sum(axis =1)
```

(续)

```python
        distances = sqDistances ** 0.5
        sortedDistIndicies = distances.argsort()
        classCount = {}
        for i in range(k):
            voteIlabel = labels[sortedDistIndicies[i]]
            classCount[voteIlabel] = classCount.get(voteIlabel,0) + 1
        sortedClassCount = sorted(classCount.items(), key = operator.itemgetter(1), reverse = True)
        return sortedClassCount[0][0]
def img2vector(filename):
    returnVect = zeros((1,1024))
    fr = open(filename)
    for i in range(32):
        lineStr = fr.readline()
        for j in range(32):
            returnVect[0,32*i+j] = int(lineStr[j])
    return returnVect
def handwritingClassTest():
    hwLabels = []
    trainingFileList = listdir('./data/trainingDigits')        # load the training set
    m = len(trainingFileList)
    trainingMat = zeros((m,1024))
    for i in range(m):
        fileNameStr = trainingFileList[i]
        fileStr = fileNameStr.split('.')[0]        #take off .txt
        classNumStr = int(fileStr.split('_')[0])
        hwLabels.append(classNumStr)
        trainingMat[i,:] = img2vector('./data/trainingDigits/%s' % fileNameStr)
    testFileList = listdir('./data/testDigits')        #iterate through the test set
    errorCount = 0.0
    mTest = len(testFileList)
    for i in range(mTest):
        fileNameStr = testFileList[i]
        fileStr = fileNameStr.split('.')[0]        #take off .txt
        classNumStr = int(fileStr.split('_')[0])
        vectorUnderTest = img2vector('./data/testDigits/%s' % fileNameStr)
        classifierResult = classify0(vectorUnderTest, trainingMat, hwLabels, 3)
        print("the classifier came back with: %d, the real answer is: %d" % (classifierResult, classNumStr))
        if (classifierResult != classNumStr): errorCount += 1.0
    print("\nthe total number of errors is: %d" % errorCount)
    print("\nthe total error rate is: %f" % (errorCount/float(mTest)))
handwritingClassTest()
```

其中，函数 img2vector（filename）是将 32×32 行列的手写体数据转换为 1×1024 向量。训练集数据存放在文件夹 trainingDigits 下，测试集数据存放在文件夹 testDigits946 下，函数 handwritingClassTest（）调用函数 classify0（vectorUnderTest，trainingMat，hwLabels，3），进行分类器测试，运行结果如下：

the total number of errors is：11
the total error rate is：0.011628

此 KNN 分类器进行手写数据识别的错误率达到 0.011628。

在 Sklearn 中有专用的 KNN 分类模块。为了进行可视化分析，代码清单 9.7 通过 Sklearn 中数据生成包生成了一组数据（200 个样本），这组数据需要非线性分类器才能进行准确分类。

代码清单 9.7　200 个非线性分类样本

```
from sklearn.datasets.samples_generator import make_circles
X,labels = make_circles(n_samples=200,noise=0.2,factor=0.2,random_state=1)
print("X.shape:",X.shape)
print("labels:",set(labels))
unique_lables = set(labels)
colors = plt.cm.Spectral(np.linspace(0,1,len(unique_lables)))
for k,col in zip(unique_lables,colors):
    x_k = X[labels==k]
    plt.plot(x_k[:,0],x_k[:,1],'o',markerfacecolor=col,markeredgecolor="k",
        markersize=14)
plt.title('data by make_moons()')
plt.show()
```

代码清单 9.7 的运行结果如图 9.5 所示，数据标签通过不同的颜色进行标注。

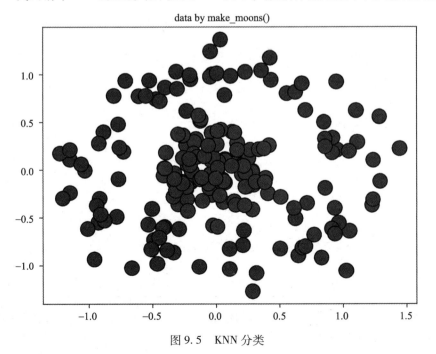

图 9.5　KNN 分类

扫码看彩图

代码清单 9.8 通过函数 neighbors.KNeighborsClassifier() 对数据集进行分类，近邻个数为 7。分类器预测精度是 0.983。

代码清单 9.8　函数 neighbors.KNeighborsClassifier() 对数据集进行分类

```python
from sklearn.datasets.samples_generator import make_circles
import matplotlib.pyplot as plt
import numpy as np
from sklearn.model_selection import train_test_split
import matplotlib as mpl
from sklearn.naive_bayes import GaussianNB
from sklearn import neighbors
# 生成数据集
X, labels = make_circles(n_samples=200, noise=0.2, factor=0.2, random_state=1)
# 显示数据集
unique_lables = set(labels)
colors = plt.cm.Spectral(np.linspace(0, 1, len(unique_lables)))
for k, col in zip(unique_lables, colors):
    x_k = X[labels == k]
    plt.plot(x_k[:,0], x_k[:,1], 'o', markerfacecolor=col, markeredgecolor="k",
             markersize=14)
clf = GaussianNB()
clf = clf.fit(X, labels)
y_pred = clf.predict(X)
accuracy = np.mean(labels == y_pred)
print(accuracy)
#显示分类边界
x1_min, x1_max = X[:,0].min(), X[:,0].max()   # 第0列的范围  x[:,0] ":"表示所有行,0 表示第1列
x2_min, x2_max = X[:,1].min(), X[:,1].max()   # 第1列的范围  x[:,0] ":"表示所有行,1 表示第2列
x1, x2 = np.mgrid[x1_min:x1_max:200j, x2_min:x2_max:200j]  # 生成网格采样点(用meshgrid函数生成两个网格矩阵 x1 和 x2)
grid_test = np.stack((x1.flat, x2.flat), axis=1)  # 测试点,再通过 stack()函数,axis=1,生成测试点
grid_hat = clf.predict(grid_test)   # 预测分类值
grid_hat = grid_hat.reshape(x1.shape)   # 使之与输入的形状相同
cm_light = mpl.colors.ListedColormap(['#A0FFA0', '#FFA0A0', '#A0A0FF'])
cm_dark = mpl.colors.ListedColormap(['g', 'r', 'b'])
plt.pcolormesh(x1, x2, grid_hat, cmap=cm_light)   # 预测值的显示
for k, col in zip(unique_lables, colors):
    x_k = X[labels == k]
plt.plot(x_k[:,0], x_k[:,1], 'o', markerfacecolor=col, markeredgecolor="k", markersize=10)
plt.show()
```

在代码清单 9.8 中的"显示分类边界"一段代码，通过对区间范围内所有的点进行预测分类，呈现分类边界，如图 9.6 所示。

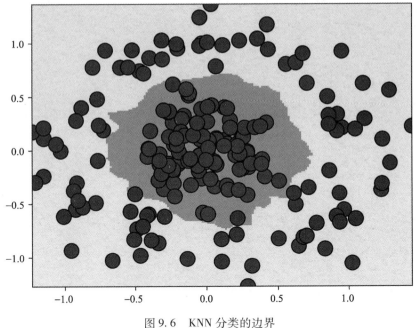

图 9.6　KNN 分类的边界

扫码看彩图

2. 贝叶斯模型

贝叶斯模型的重要功能是进行分类，因此也称为贝叶斯分类器。贝叶斯定理是这个模型的核心算法，是一类分类算法的总称。

依然使用上节 KNN 模型中的数据集，代码清单 9.9 使用高斯朴素贝叶斯分类器训练数据集。

代码清单 9.9　贝叶斯分类器

```
from sklearn.datasets.samples_generator import make_circles
import matplotlib.pyplot as plt
import numpy as np
from sklearn.model_selection import train_test_split
import matplotlib as mpl
from sklearn.naive_bayes import GaussianNB
from sklearn import neighbors
# 生成数据集
X,labels=make_circles(n_samples=200,noise=0.2,factor=0.2,random_state=1)
# 显示数据集
unique_lables=set(labels)
colors=plt.cm.Spectral(np.linspace(0,1,len(unique_lables)))
for k,col in zip(unique_lables,colors):
    x_k=X[labels==k]
    plt.plot(x_k[:,0],x_k[:,1],'o',markerfacecolor=col,markeredgecolor="k",
        markersize=14)
```

第 9 章　预测和学习模型　　195

（续）

```
from sklearn.naive_bayes import GaussianNB
clf = GaussianNB()
clf = clf.fit(X,labels)
y_pred = clf.predict(X)
accuracy = np.mean(labels == y_pred)
print(accuracy)
x1_min, x1_max = X[:,0].min(), X[:,0].max()    #第0列的范围 x[:,0] ":"表示所有行,0 表示第1列
x2_min, x2_max = X[:,1].min(), X[:,1].max()    #第1列的范围 x[:,0] ":"表示所有行,1 表示第2列
x1, x2 = np.mgrid[x1_min:x1_max:200j, x2_min:x2_max:200j]    #生成网格采样点(用meshgrid 函数生成两个网格矩阵 x1 和 x2)
grid_test = np.stack((x1.flat, x2.flat), axis=1)    #测试点,再通过 stack()函数,axis=1,生成测试点
grid_hat = clf.predict(grid_test)    #预测分类值
grid_hat = grid_hat.reshape(x1.shape)    #使之与输入的形状相同
cm_light = mpl.colors.ListedColormap(['#A0FFA0', '#FFA0A0', '#A0A0FF'])
cm_dark = mpl.colors.ListedColormap(['g', 'r', 'b'])
plt.pcolormesh(x1, x2, grid_hat, cmap=cm_light)    #预测值的显示
for k,col in zip(unique_lables,colors):
    x_k = X[labels == k]
    plt.plot(x_k[:,0],x_k[:,1],'o',markerfacecolor=col,markeredgecolor="k",markersize=10)
plt.show()
```

运行结果：0.98

图9.7为运行结果，准确率略低于 KNN 分类器，分类器的空间划分也略有不同。

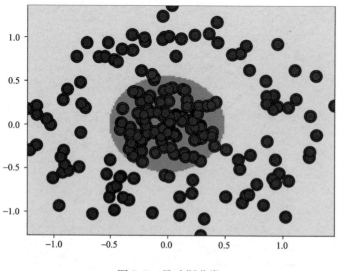

图 9.7 贝叶斯分类

扫码看彩图

3. SVM

支持向量机（Suppoit Vector Machine，SVM）是一类按监督学习方式对数据进行二元分类的广义线性分类器。

代码清单9.10演示SVM的非线性分类能力，待分类数据是成球形判决界面的数据。这里依然使用KNN模型中的数据集。

代码清单9.10　SVM分类

```python
from sklearn.datasets.samples_generator import make_circles
import matplotlib.pyplot as plt
import numpy as np
from sklearn.model_selection import train_test_split
import matplotlib as mpl
from sklearn.naive_bayes import GaussianNB
from sklearn import neighbors
from sklearn import svm
# 生成数据集
X, labels = make_circles(n_samples=200, noise=0.2, factor=0.2, random_state=1)
# 显示数据集
unique_lables = set(labels)
colors = plt.cm.Spectral(np.linspace(0, 1, len(unique_lables)))
for k, col in zip(unique_lables, colors):
    x_k = X[labels == k]
    plt.plot(x_k[:,0], x_k[:,1], 'o', markerfacecolor=col, markeredgecolor="k",
             markersize=14)
# 建立预测器
X_train, X_test, y_train, y_test = train_test_split(X, labels, test_size=0.3, random_state=0)
svc_model = svm.SVC(kernel='rbf', C=1)
svc_model.fit(X_train, y_train)
predict_data = svc_model.predict(X_test)
accuracy = np.mean(predict_data == y_test)
print(accuracy)
# 显示分类边界
x1_min, x1_max = X[:, 0].min(), X[:, 0].max()
x2_min, x2_max = X[:, 1].min(), X[:, 1].max()
x1, x2 = np.mgrid[x1_min:x1_max:200j, x2_min:x2_max:200j]
grid_test = np.stack((x1.flat, x2.flat), axis=1)
grid_hat = svc_model.predict(grid_test)
grid_hat = grid_hat.reshape(x1.shape)
cm_light = mpl.colors.ListedColormap(['#A0FFA0', '#FFA0A0', '#A0A0FF'])
cm_dark = mpl.colors.ListedColormap(['g', 'r', 'b'])
plt.pcolormesh(x1, x2, grid_hat, cmap=cm_light)
plt.show()
```

代码清单9.10生成200个测试集数据，数据标签通过不同的颜色标注。函数train_test_split将X数据集分隔为2部分，训练集数据占70%，测试集数据占30%。通过函数 svm.SVC()训练、函数 svc_model.predict()测试,运行结果显示的预测精度为 0.9833333333333333。如图 9.8 所示,显示分类边界一段代码用不同的颜色填充了分类空间。对于这个训练集,SVM 分类能力与 KNN 相当,略高于贝叶斯分类。

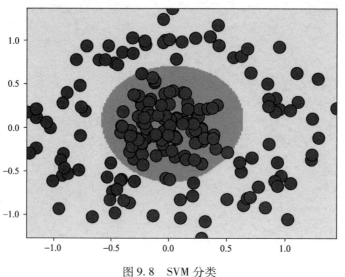

图 9.8　SVM 分类

扫码看彩图

4. 决策树

代码清单 9.11 是决策树分类,依然使用 KNN 模型中的数据集,运行结果如图 9.9 所示。

运行结果:

0.9666666666666667

决策树分类器获得 0.967 的预测精度。

代码清单 9.11　决策树分类

```
from sklearn import tree
import pandas as pd
import numpy as np
from sklearn.model_selection import train_test_split
import matplotlib.pyplot as plt
from sklearn.datasets.samples_generator import make_circles
import matplotlib as mpl
# 生成数据集
X,labels=make_circles(n_samples=200,noise=0.2,factor=0.2,random_state=1)
# 显示数据集
unique_lables=set(labels)
colors=plt.cm.Spectral(np.linspace(0,1,len(unique_lables)))
for k,col in zip(unique_lables,colors):
    x_k=X[labels==k]
    plt.plot(x_k[:,0],x_k[:,1],'o',markerfacecolor=col,markeredgecolor="k",
        markersize=14)
```

(续)

```
#划分训练集和测试集
X_train, X_test, y_train, y_test = train_test_split(X,labels,test_size=0.3,random_state=0)
# 建立决策树模型,选择算法为熵增益,可选 gini,entropy,默认为 gini
tree_model = tree.DecisionTreeClassifier(criterion='gini')
tree_model.fit(X_train, y_train)
predict_data = tree_model.predict(X_test)
accuracy = np.mean(predict_data==y_test)
print(accuracy)
x1_min, x1_max = X[:,0].min(), X[:,0].max()   #第0列的范围  x[:,0] ":"表示所有行,0 表示第1列
x2_min, x2_max = X[:,1].min(), X[:,1].max()   #第1列的范围  x[:,0] ":"表示所有行,1 表示第2列
x1, x2 = np.mgrid[x1_min:x1_max:200j, x2_min:x2_max:200j]  # 生成网格采样点(用meshgrid 函数生成两个网格矩阵 x1 和 x2)
grid_test = np.stack((x1.flat, x2.flat), axis=1)   # 测试点,再通过 stack()函数,axis=1,生成测试点
grid_hat = tree_model.predict(grid_test)   # 预测分类值
grid_hat = grid_hat.reshape(x1.shape)   # 使之与输入的形状相同
cm_light = mpl.colors.ListedColormap(['#A0FFA0', '#FFA0A0', '#A0A0FF'])
cm_dark = mpl.colors.ListedColormap(['g', 'r', 'b'])
plt.pcolormesh(x1, x2, grid_hat, cmap=cm_light)   # 预测值的显示
for k,col in zip(unique_lables,colors):
    x_k=X[labels==k]

plt.plot(x_k[:,0],x_k[:,1],'o',markerfacecolor=col,markeredgecolor="k",markersize=10)
plt.show()
```

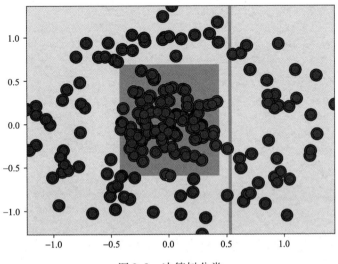

图9.9 决策树分类

扫码看彩图

5. Logistic 回归

Logistic 回归是一种广义线性回归（Generalized Linear Regression），与多重线性回归有很多相同之处。它们的模型形式基本上相同，都具有 $w \times x + b$ 形式，其中 w 和 b 是待求参数，其区别在于它们的因变量不同，多重线性回归直接将 $w \times x + b$ 作为因变量，即 $y = w \times x + b$，而 Logistic 回归则通过函数 L 将 $w \times x + b$ 对应一个隐状态 p，使 $p = L(w \times x + b)$，然后根据 p（通常是 0 到 1 之间的概率值）与 $1 - p$ 的大小决定因变量的值。如果 L 是 Logistic 函数，模型 $L(w \times x + b)$ 就是实现数据集 $\langle x, y \rangle$ 的 Logistic 回归；如果 L 是多项式函数，模型 $L(w \times x + b)$ 就是实现数据集 $\langle x, y \rangle$ 的多项式回归。因此，Logistic 回归并不是一个回归模型，而是一个分类模型。

代码清单 9.12 生成 500 个样本的具有线性分类性质的数据集，然后用图示方式显示分类器，如图 9.10 所示。

代码清单 9.12　logistic 回归

```
from sklearn.datasets.samples_generator import make_classification
from sklearn.datasets.samples_generator import make_circles
import matplotlib.pyplot as plt
import numpy as np
from sklearn.model_selection import train_test_split
import matplotlib as mpl
X,labels = make_classification(n_samples=500,n_features=2,n_redundant=0,n_inform-
ative=2,
                    random_state=1,n_clusters_per_class=2)
rng = np.random.RandomState(2)
X += 2*rng.uniform(size=X.shape)
unique_lables = set(labels)
colors = plt.cm.Spectral(np.linspace(0,1,len(unique_lables)))
for k,col in zip(unique_lables,colors):
    x_k = X[labels==k]
    plt.plot(x_k[:,0],x_k[:,1],'o',markerfacecolor=col,markeredgecolor="k",
        markersize=4)
plt.title('data by make_classification()')
plt.show()
from sklearn.linear_model import LogisticRegression
lr_model = LogisticRegression(C=1.0,random_state=0)# C float, default=1.0 Inverse of regularization strength;
lr_model.fit(X,labels)
x1_min, x1_max = X[:,0].min(), X[:,0].max()   #第0列的范围　x[:,0] ":"表示所有行,0 表示第1列
x2_min, x2_max = X[:,1].min(), X[:,1].max()   #第1列的范围　x[:,0] ":"表示所有行,1 表示第2列
x1, x2 = np.mgrid[x1_min:x1_max:200j, x2_min:x2_max:200j]   #生成网格采样点(用meshgrid函数生成两个网格矩阵x1和x2)
grid_test = np.stack((x1.flat, x2.flat), axis=1)   #测试点,再通过stack()函数,axis=1,生成测试点
```

(续)

```
grid_hat = lr_model.predict(grid_test)    # 预测分类值
grid_hat = grid_hat.reshape(x1.shape)    # 使之与输入的形状相同
cm_light = mpl.colors.ListedColormap(['#A0FFA0', '#FFA0A0', '#A0A0FF'])
cm_dark = mpl.colors.ListedColormap(['g', 'r', 'b'])
plt.pcolormesh(x1, x2, grid_hat, cmap = cm_light)    # 预测值的显示
for k,col in zip(unique_lables,colors):
    x_k = X[labels = = k]
plt.plot(x_k[:,0],x_k[:,1],'o',markerfacecolor = col,markeredgecolor = "k",marker-
size = 4)
```

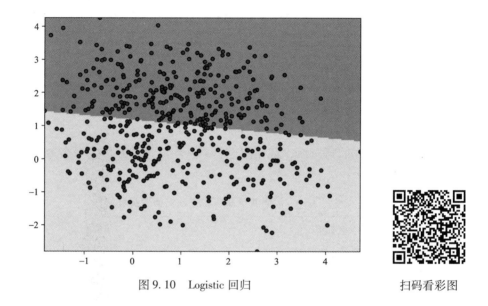

图 9.10　Logistic 回归

扫码看彩图

9.2.2　无监督的学习模型

无监督学习（Unsupervised Learning）是和有监督学习相对的另一种主流机器学习的方法，我们知道有监督学习解决的是"分类"和"回归"问题，而无监督学习解决的主要是"聚类（Clustering）"问题。无监督学习没有任何数据标注，只有数据本身。本小节首先介绍 2 个经典的聚类算法——K - 均值聚类算法和 AP 聚类算法；最后介绍的降维模型也是一种无监督的学习模型，该模型在统计、数据可视化和数据压缩等领域有着广泛应用。

1. K - 均值聚类算法

K - 均值聚类算法是一种聚类算法，也是一种无监督学习算法，目的是将相似的对象归到同一个簇中。簇内的对象越相似，聚类的效果就越好。聚类和分类最大的不同在于，分类的目标事先已知，而聚类则不一样，其产生的结果和分类相同，只是类别没有预先定义。

一般情况，K-均值聚类算法的聚类目标是使平方和误差值 SSE 最小：

$$SSE = \sum_{i=1}^{k} \sum_{x \in C_i} \|x - u_i\|_2^2$$

K-均值聚类算法将集合划分为 k 类。上式中，$C_i(i=1,2,\cdots k)$ 是第 i 类，$u_i(i=1,2,\cdots k)$ 是第 i 类的质心（聚类中心）。

K-均值聚类算法适合数值型数据的分析，优点是容易实现，缺点是可能收敛到局部最小值，在大规模数据上收敛较慢。该聚类算法的基本过程如下所述。

(1) 创建 k 个点作为 k 个簇的起始质心（一般是随机选择）。

(2) 分别计算剩下的元素到 k 个簇中心的相似度（距离），将这些元素分别划归到相似度最高的簇中。

(3) 根据聚类结果，重新计算 k 个簇各自的中心，计算方法是取簇中所有元素各维度的算术平均值。

(4) 将集合中全部元素按照新的中心重新聚类。

(5) 重复第（4）步，直到聚类结果不再变化。

为了研究 K-均值聚类算法，在代码清单 9.13 中，首先构造一个数据集，这个数据集是 200 个二维向量，围绕 3 个点 center = [[1, 1], [-1, -1], [1, -1]]，标准差 cluste_std = 0.3。我们将对这一数据集进行 K-均值聚类分析，聚类数量为 3，观察聚类中心在什么位置。

代码清单 9.13　K-均值聚类算法

```
#生成多类单标签数据集
import numpy as np
import matplotlib.pyplot as plt
from sklearn.datasets.samples_generator import make_blobs
center =[[1,1],[-1,-1],[1,-1]]
cluster_std=0.3
X,labels=make_blobs(n_samples=200,centers=center,n_features=2,
                    cluster_std=cluster_std,random_state=0)
print('X.shape',X.shape)
print("labels",set(labels))
unique_lables=set(labels)
colors=plt.cm.Spectral(np.linspace(0,1,len(unique_lables)))
for k,col in zip(unique_lables,colors):
    x_k=X[labels==k]
    plt.plot(x_k[:,0],x_k[:,1],'o',markerfacecolor=col,markeredgecolor="k",
             markersize=14)
plt.title('data by make_blob()')
plt.show()
# K-均值聚类
from sklearn.cluster import KMeans
clf = KMeans(n_clusters=3)   #给定类别个数为3
```

(续)

```
    s = clf.fit(X)
    print('聚类中心',clf.cluster_centers_)
    print('簇编号',set(clf.labels_)) #每个点的分类
```

运行结果如图 9.11 所示，数据如下：
聚类中心[[1.01281413   1.06595402]
[-1.03507066   -1.03233287]
[0.95712283   -1.02057236]]
簇编号{0, 1, 2}

对比[[1, 1], [-1, -1], [1, -1]]和[[1.01281413 1.06595402], [-1.03507066 -1.03233287], [0.95712283 -1.02057236]]，两组 3 个聚类中心基本是重合的，说明在这一条件下具有很好的聚类效果。

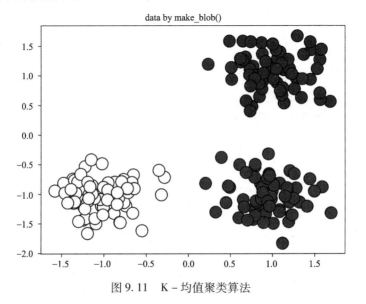

图 9.11　K-均值聚类算法

扫码看彩图

读者可以用 K-均值聚类算法研究 sklearn.datasets 中各种数据集的聚类效果。

2. AP 聚类算法

AP 聚类算法（Affinity Propagation Clustering）特别适合高维、多类数据的快速聚类，相比传统的聚类算法，AP 聚类算法在聚类性能和效率等方面都有大幅度的提升。

AP 聚类算法将全部样本看作网络的节点，然后通过网络中各条边的消息传递计算出各样本的聚类中心。聚类过程中，共有两个消息在各节点间传递，一个是吸引度（Responsibility），另一个是归属度（Availability）。AP 聚类算法通过迭代过程不断更新每一个数据点的吸引度值和归属度值，直到产生 m 个高质量的聚类中心（Exemplar），同时将其余的数据点分配到相应的聚类中。

在 AP 聚类算法中定义了以下参数和术语。

（1）Exemplar（聚类中心）：AP 聚类算法不需要事先指定聚类数目，它将所有的数据点都作为潜在的聚类中心。

(2) Similarity（相似度）：数据点 i 和数据点 j 的相似度记为 $s(i,j)$，是指数据点 j 作为数据点 i 的聚类中心的相似度。一般使用欧氏距离来计算，通常数据点与数据点的相似度值全部取负值。因此，相似度值越大说明数据点与数据点的距离越近，便于后面的比较计算。

(3) Preference（参考度）：数据点 i 的参考度称为 $p(i)$ 或 $s(i,i)$，是指数据点 i 作为聚类中心的参考度，以 S 矩阵的对角线上的数值 $s(k,k)$ 作为数据点 k 能否成为聚类中心的评判标准，这意味着该值越大，这个数据点成为聚类中心的可能性也就越大。参考度 p 一般取 s 相似度值的中值（中位数）。聚类的数量受到参考度 p 的影响，如果取输入的相似度的均值作为 p 的值，得到的聚类数量是中等的；如果取最小值，得到类数较少的聚类。

(4) Responsibility（吸引度）：$r(i,k)$ 用来描述数据点 k 适合作为数据点 i 的聚类中心的程度。

(5) Availability（归属度）：$a(i,k)$ 用来描述数据点 i 选择数据点 k 作为其聚类中心的适合程度。

(6) Damping factor（阻尼系数）：主要起收敛作用。

在实际计算应用中，最重要的两个参数（也是需要手动指定）是 Preference 和 Damping factor。前者决定了聚类数量的多少，值越大聚类数量越多；后者控制算法收敛效果。

AP 聚类算法流程如下所述。

(1) 算法初始，将吸引度矩阵 R 和归属度矩阵 A 初始化为 0 矩阵。

(2) 更新吸引度矩阵：

$$r_{t+1}(i,k) = \begin{cases} s(i,k) - \max_{j \neq k}\{(i,j) + r_t(i,j)\}, & i \neq k \\ s(i,k) - \max_{j \neq k}\{s(i,j)\}, & i = k \end{cases}$$

(3) 更新归属度矩阵：

$$a_{t+1}(i,k) = \begin{cases} \min\left\{0, r_{t+1}(k,k) + \sum_{j \neq i,k} \max\{r_{t+1}(j,k), 0\}\right\}, & i \neq k \\ \sum_{j \neq k} \max\{r_{t+1}(j,k), 0\}, & i = k \end{cases}$$

(4) 根据衰减系数 α 对两个公式进行衰减：

$$r_{t+1}(i,k) = \alpha \cdot r_t(i,k) + (1-\alpha) \cdot r_{t+1}(i,k)$$
$$a_{t+1}(i,k) = \alpha \cdot a_t(i,k) + (1-\alpha) \cdot a_{t+1}(i,k)$$

(5) 重复步骤 (2)(3)(4)，直至矩阵稳定或达到最大迭代次数，算法结束。

最终取矩阵 $(A+R)$ 中每行最大的列元素 k 作为聚类中心。

理解 AP 聚类算法是有一定难度的，以下是一个比较通俗的解释。

(1) 所有人都参加选举（大家都是选民也都是参选人），要选出几个人作为代表。

(2) $s(i,k)$ 就相当于 i 对选 k 这个人的一个固有的偏好程度。

(3) $r(i,k)$ 表示用 $s(i,k)$ 减去最强竞争者的评分，可以理解为 k 在对 i 这个选民的竞争中的优势程度。

(4) $r(i,k)$ 的更新过程对应选民 i 对各个参选人的筛选过程（根据各个参选人的公众吸引力更新）。

（5）$a(i, k)$，从公式里可以看到，所有 $r(i, k) > 0$ 的值都对 a 有正的加成。对应到这个比喻中，相当于选民 i 通过网上关于 k 的民意调查看到，有很多人（除了自己）觉得 k 不错，那么选民 i 也就会相应地增加对 k 的信心。

（6）$a(i, k)$ 的更新过程对应关于参选人 k 的民意调查对于选民 i 的影响（已经有了很多跟随者的人更有吸引力）。

（7）两者交替的过程也就可以理解为选民在各个参选人之间不断地比较和不断地参考各个参选人给出的民意调查。

（8）$r(i, k)$ 反映的是竞争，$a(i, k)$ 则是为了让聚类更成功。

这里依然使用 KNN 模型中的数据，用函数 AffinityPropagation 建立 AP 聚类，详见代码清单 9.14。

代码清单 9.14　AP 聚类

```python
#生成球形判决界面的数据
from sklearn.datasets.samples_generator import make_circles
import matplotlib.pyplot as plt
import numpy as np
# 生成数据
X, labels = make_circles(n_samples=200, noise=0.2, factor=0.2, random_state=1)
unique_lables = set(labels)
colors = plt.cm.Spectral(np.linspace(0, 1, len(unique_lables)))
for k, col in zip(unique_lables, colors):
    x_k = X[labels == k]
    plt.plot(x_k[:, 0], x_k[:, 1], 'o', markerfacecolor=col, markeredgecolor="k",
        markersize=10)
plt.title('data by make_moons()')
# AP 聚类
from sklearn.cluster import AffinityPropagation
from itertools import cycle
af = AffinityPropagation(preference=-10, max_iter=10000).fit(X)
print(len(af.cluster_centers_))
n_clusters_ = len(af.cluster_centers_)
cluster_centers_indices = af.cluster_centers_indices_
labels = af.labels_
colors = cycle('bgrcmykbgrcmykbgrcmykbgrcmyk')
for k, col in zip(range(n_clusters_), colors):
    class_members = labels == k
    cluster_center = X[cluster_centers_indices[k]]
    plt.plot(X[class_members, 0], X[class_members, 1], col + '.')
    plt.plot(cluster_center[0], cluster_center[1], 'o', markerfacecolor=col,
        markeredgecolor='k', markersize=14)
    for x in X[class_members]:
        plt.plot([cluster_center[0], x[0]], [cluster_center[1], x[1]], col)
plt.show()
```

代码清单 9.14 的运行结果如图 9.12 所示，聚类结果如下：

[[1.01995517 1.09074157]

[-1.03986417 -1.08933726]

[0.98151208 -1.03219158]]

聚类结果与 3 个中心点 center = [[1, 1], [-1, -1], [1, -1]]十分接近。

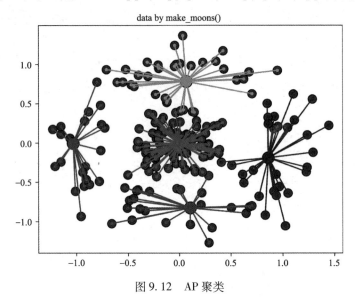

图 9.12　AP 聚类　　　　　　　　　　　　扫码看彩图

3. 降维模型

在机器学习和统计学领域，降维是指在某些限定条件下，降低随机变量个数，得到一组线性无关的主变量的过程。在实际的数据分析中，特征选择和降维是必须进行的，因为在数据中存在以下几个方面的问题。

（1）特征属性之间存在着相互关联关系，多重共线性会导致解空间不稳定，从而可能降低模型的泛化能力。

（2）高维空间样本具有稀疏性，导致模型找到数据特征比较困难。

（3）过多的变量会妨碍模型发现数据的内在规律。

具有代表性的降维方法有主成分分析、因子分析、核方法等，本小节介绍主成分分析。

代码清单 9.15 使用函数 loadDataSet（fileName，delim = '\t'）导入数据文件，数据是有待降维的高维数据。函数的第一个参数是文件名，第二个参数是数据分隔符。函数 pca（dataMat，topNfeat = 9999999）的功能是对数据进行降维操作，其中第一个参数是高维数据，第二个参数是降维后的维度。函数 replaceNanWithMean（）的功能比较简单，是将数据集中的空白数据填入均值。

代码清单 9.15　将二维数据降维成一维

```
from numpy import *
import matplotlib.pyplot as plt
def loadDataSet(fileName, delim = '\t'):
```

(续)

```
        fr = open(fileName)
        stringArr = [line.strip().split(delim) for line in fr.readlines()]
        datArr = [list(map(float,line)) for line in stringArr]
        return mat(datArr)
    def pca(dataMat, topNfeat=9999999):
        meanVals = mean(dataMat, axis=0)
        meanRemoved = dataMat - meanVals #remove mean
        covMat = cov(meanRemoved, rowvar=0)
        print(covMat)
        eigVals,eigVects = linalg.eig(mat(covMat))
        eigValInd = argsort(eigVals)            #sort, sort goes smallest to largest
        eigValInd = eigValInd[:-(topNfeat+1):-1]  #cut off unwanted dimensions
        redEigVects = eigVects[:,eigValInd]       #reorganize eig vects largest to smal-
lest
        lowDDataMat = meanRemoved * redEigVects#transform data into new dimensions
        reconMat = (lowDDataMat * redEigVects.T) + meanVals
        return lowDDataMat, reconMat
    def replaceNanWithMean():
        datMat = loadDataSet('secom.data', ' ')
        numFeat = shape(datMat)[1]
        for i in range(numFeat):
            meanVal = mean(datMat[nonzero(~isnan(datMat[:,i].A))[0],i]) #values that
are not NaN (a number)
            datMat[nonzero(isnan(datMat[:,i].A))[0],i] = meanVal  #set NaN values to mean
        return datMat
    dataMat = loadDataSet('./data/DataSet.txt')
    print(dataMat.shape)
    owDDataMat, reconMat=pca(dataMat, 1)
    print(owDDataMat.shape, reconMat.shape)
    fig=plt.figure()
    ax=fig.add_subplot(111)
    ax.scatter(dataMat[:,0].flatten().A[0],dataMat[:,1].flatten().A[0])
    ax.scatter(reconMat[:,0].flatten().A[0],reconMat[:,1].flatten().A[0])
    plt.show()
```

1）数据降维压缩

运用代码清单9.15对数据进行压缩，将二维数据压缩成一维数据。文件testSet.txt中包含如下形式的二维数据：

10.235186	11.321997
10.122339	11.810993
9.190236	8.904943
9.306371	9.847394
8.330131	8.340352
10.152785	10.123532

10.408540　　　　　　　10.821986
……

代码清单9.15将（1000L, 2L）形式的数据转换为（1000L, 1L），pca变换矩阵为：
[[1.05198368　1.1246314]
　[1.1246314　2.21166499]]

运行结果如图9.13所示。

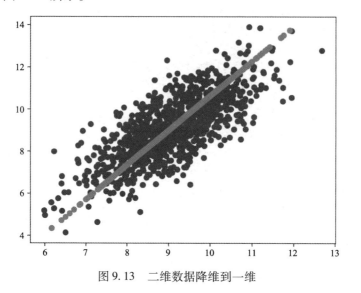

图9.13　二维数据降维到一维

扫码看彩图

2）图像数据压缩

上述pca算法同样可以对图像进行压缩。黑白图像可以视为二维矩阵，彩色图像可以视为多通道二维矩阵，通常有3个通道：R，G，B。在代码清单9.16中，首先打开一个彩色图片文件，取出图片文件中的一个通道（可视为黑白图像），数组大小是（1080L，1440L）；其次，将该数组分别压缩为（1080L，20L）、（1080L，50L）、（1080L，100L）大小的数组，压缩比分别是1/72、1/28、1/14。

如图9.14所示，4幅图像分别使用不同的压缩比，左上图像为原始图像，右上图像的压缩比是1/25，左下图像的压缩比是1/10，右下图像的压缩比是1/5。

代码清单9.16　降维压缩图像

```python
import numpy as np
from PIL import Image
import matplotlib.pyplot as plt
def pca(dataMat, topNfeat=9999999):
    meanVals = np.mean(dataMat, axis=0)
    meanRemoved = dataMat - meanVals #remove mean
    covMat = np.cov(meanRemoved, rowvar=0)
    print(covMat)
    eigVals,eigVects = np.linalg.eig(np.mat(covMat))
    eigValInd = np.argsort(eigVals)            #sort, sort goes smallest to largest
    eigValInd = eigValInd[:-(topNfeat+1):-1]   #cut off unwanted dimensions
```

```
        redEigVects = eigVects[:,eigValInd]       #reorganize eig vects largest to smal-
lest
        lowDDataMat = meanRemoved * redEigVects#transform data into new dimensions
        reconMat = (lowDDataMat * redEigVects.T) + meanVals
        return lowDDataMat, reconMat
img = Image.open('./data/p1.jpg')
img = np.array(img)
fig = plt.figure()
dataMat = np.mat(img[:,:,0])
ax = fig.add_subplot(221)
ax.imshow(dataMat,cmap=plt.cm.gray)
lowDDataMat, reconMat = pca(dataMat,20)
ax = fig.add_subplot(222)
ax.imshow(np.floor(np.abs(reconMat)),cmap=plt.cm.gray)
print(lowDDataMat.shape)
lowDDataMat, reconMat = pca(dataMat,50)
ax = fig.add_subplot(223)
ax.imshow(np.floor(np.abs(reconMat)),cmap=plt.cm.gray)
print(lowDDataMat.shape)
lowDDataMat, reconMat = pca(dataMat,100)
ax = fig.add_subplot(224)
ax.imshow(np.floor(np.abs(reconMat)),cmap=plt.cm.gray)
print(lowDDataMat.shape)
plt.show()
```

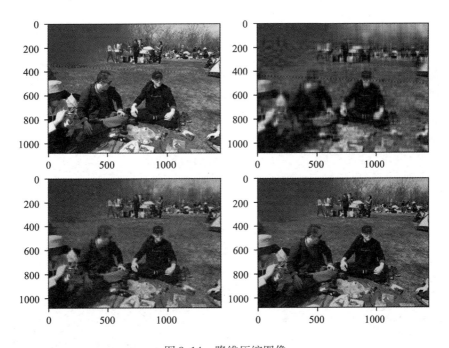

图9.14 降维压缩图像

9.3 人工神经网络

人工神经网络是 20 世纪 80 年代以来人工智能领域兴起的研究热点。它从信息处理角度对人脑神经元网络进行抽象，按不同的连接方式组成不同的网络。人工神经网络是一种运算模型，由大量的节点（或称神经元）相互连接构成。每个节点代表一种特定的输出函数，称为激励函数。每 2 个节点间的连接都代表一个对于通过该连接信号的加权值，称为权重，这相当于人工神经网络的记忆。网络的输出则根据网络的连接方式、权重值和激励函数的不同而不同。而网络自身通常是对自然界某种算法或函数的逼近，也可能是对一种逻辑策略的表达。

最近十多年来，对人工神经网络的研究工作不断深入，已经取得了很大的进展，其在模式识别、智能机器人、自动控制、预测估计、生物、医学、经济等领域已成功地解决了许多现代计算机难以解决的实际问题，表现出了良好的智能特性。作为模型，人工神经网络不可或缺，但人工神经网络有太多的分门别类的模型，需要专门研究。本节介绍多层感知机和一个早期的深度学习模型。

9.3.1 多层感知机

多层感知机（Multilayer Perceptron，MLP）是早期最基础的人工神经网络。除了输入层和输出层，它中间可以有多个隐层，最简单的 MLP 只含一个隐层，即 3 层结构。多层感知机的层与层之间是全连接的。多层感知机的最底层是输入层，中间是隐藏层，最后是输出层。

代码清单 9.17 用 Sklearn 中的函数 MLPClassifier（）对数据集进行分类，分类准确率达到 0.983，运行结果如图 9.15 所示。

代码清单 9.17　MLP 模型

```python
from sklearn.neural_network import MLPClassifier
import pandas as pd
import numpy as np
from sklearn.model_selection import train_test_split
from sklearn.datasets.samples_generator import make_circles
import matplotlib.pyplot as plt
X, labels = make_circles(n_samples=200, noise=0.2, factor=0.2, random_state=1)
unique_lables = set(labels)
colors = plt.cm.Spectral(np.linspace(0, 1, len(unique_lables)))
y = labels
#划分训练集和测试集
X_train, X_test, y_train, y_test = train_test_split(X, y, test_size=0.3, random_state
=0)
#建立 MLP 神经网络模型,MLP 的求解方法为 adam,可选 lbfgs、sgd,正则化惩罚 alpha = 0.1
mpl_model = MLPClassifier(solver='adam', learning_rate='constant', learning_rate_
init=0.01, max_iter=500, alpha=0.01)
mpl_model.fit(X_train, y_train)
predict_data = mpl_model.predict(X_test)
```

```
accuracy = np.mean(predict_data == y_test)
print(accuracy)
import matplotlib as mpl
x1_min, x1_max = X[:,0].min(), X[:,0].max()    #第0列的范围  x[:,0] ":"表示所有行,0 表示第1列
x2_min, x2_max = X[:,1].min(), X[:,1].max()    #第1列的范围  x[:,0] ":"表示所有行,1 表示第2列
x1, x2 = np.mgrid[x1_min:x1_max:200j, x2_min:x2_max:200j]   #生成网格采样点(用mesh-grid 函数生成两个网格矩阵 x1 和 x2)
grid_test = np.stack((x1.flat, x2.flat), axis=1)   #测试点,再通过 stack()函数,axis=1,生成测试点
grid_hat = mpl_model.predict(grid_test)   #预测分类值
grid_hat = grid_hat.reshape(x1.shape)   #使之与输入的形状相同
cm_light = mpl.colors.ListedColormap(['#A0FFA0', '#FFA0A0', '#A0A0FF'])
cm_dark = mpl.colors.ListedColormap(['g', 'r', 'b'])
plt.pcolormesh(x1, x2, grid_hat, cmap=cm_light)   #预测值的显示
for k,col in zip(unique_lables,colors):
    x_k=X[labels==k]
    plt.plot(x_k[:,0],x_k[:,1],'o',markerfacecolor=col,markeredgecolor="k",markersize=10)
plt.show()
```

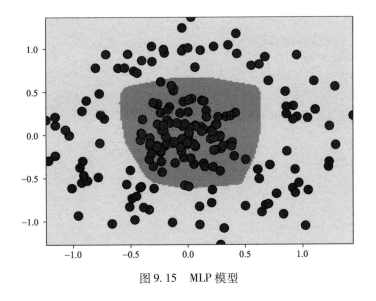

图 9.15　MLP 模型　　　　　　　　　　　　扫码看彩图

9.3.2　深度学习模型

深度学习（Deep Learning）是机器学习领域中一个新的研究方向，它被引入机器学习使其更接近于最初的目标——人工智能。深度学习是学习样本数据的内在规律和表示层次，这些学习过程中获得的信息对诸如文字、图像和声音等数据的解释有很大的帮助。它

的最终目标是让机器能够像人一样具有分析学习能力，能够识别文字、图像和声音等数据。深度学习是一个复杂的机器学习算法，在语音和图像识别方面取得的效果，远远超过先前相关技术。

典型的深度学习模型有卷积神经网络（Convolutional Neural Network）模型、深度置信网络（Deep Belief Network）模型和堆栈自编码网络（Stacked Auto – Encoder Network）模型等。本节的模型是卷积神经网络模型，使用 TensorFlow 设计手写数字识别算法，训练集数据使用 sklearn 包中的手写数字数据。

代码清单 9.18 是经典的 LeNet – 5 深度学习网络。LeNet – 5 不包括输入一共 7 层，较低层由卷积层和最大池化层交替构成，更高层则是全连接和高斯连接。LeNet – 5 的输入是一个 32×32 的二维矩阵。同时，输入与下一层并不是全连接的，而是进行稀疏连接。卷积神经网络通过稀疏连接与共享权重和阈值，大大减少了计算的开销，同时一定程度上减少了过拟合问题的出现，非常适用于图像的处理和识别。

代码清单9.18　LeNet –5 深度学习网络

```
#import tensorflow as tf
import tensorflow.compat.v1 as tf
tf.disable_v2_behavior()
from sklearn.datasets import load_digits
import numpy as np
from sklearn.preprocessing import MinMaxScaler
digits = load_digits()
X_data = digits.data.astype(np.float32)
Y_data = digits.target.astype(np.float32).reshape(-1,1)
scaler = MinMaxScaler()
X_data = scaler.fit_transform(X_data)
from sklearn.preprocessing import OneHotEncoder
Y = OneHotEncoder().fit_transform(Y_data).todense()
X = X_data.reshape(-1,8,8,1)
batch_size = 8
def generatebatch(X,Y,n_examples,batch_size):
    for batch_i in range(n_examples // batch_size):
        start = batch_i * batch_size
        end = start + batch_size
        batch_xs = X[start:end]
        batch_ys = Y[start:end]
        yield batch_xs, batch_ys
tf.reset_default_graph()
tf_X = tf.placeholder(tf.float32,[None,8,8,1])
tf_Y = tf.placeholder(tf.float32,[None,10])
conv_filter_w1 = tf.Variable(tf.random_normal([3,3,1,10]))
conv_filter_b1 = tf.Variable(tf.random_normal([10]))
relu_feature_maps1 = tf.nn.relu(
    tf.nn.conv2d(tf_X, conv_filter_w1, strides=[1,1,1,1], padding='SAME') + conv_filter_b1)
```

(续)

```python
max_pool1 = tf.nn.max_pool(relu_feature_maps1, ksize=[1, 3, 3, 1], strides=[1, 2, 2, 1], padding='SAME')
conv_filter_w2 = tf.Variable(tf.random_normal([3, 3, 10, 5]))
conv_filter_b2 = tf.Variable(tf.random_normal([5]))
conv_out2 = tf.nn.conv2d(relu_feature_maps1, conv_filter_w2, strides=[1, 2, 2, 1], padding='SAME') + conv_filter_b2
batch_mean, batch_var = tf.nn.moments(conv_out2, [0, 1, 2], keep_dims=True)
shift = tf.Variable(tf.zeros([5]))
scale = tf.Variable(tf.ones([5]))
epsilon = 0.001
BN_out = tf.nn.batch_normalization(conv_out2, batch_mean, batch_var, shift, scale, epsilon)
relu_BN_maps2 = tf.nn.relu(BN_out)
# 池化层
max_pool2 = tf.nn.max_pool(relu_BN_maps2, ksize=[1, 3, 3, 1], strides=[1, 2, 2, 1], padding='SAME')
print(max_pool2)
max_pool2_flat = tf.reshape(max_pool2, [-1, 2 * 2 * 5])
fc_w1 = tf.Variable(tf.random_normal([2 * 2 * 5, 50]))
fc_b1 = tf.Variable(tf.random_normal([50]))
fc_out1 = tf.nn.relu(tf.matmul(max_pool2_flat, fc_w1) + fc_b1)
# 输出层
out_w1 = tf.Variable(tf.random_normal([50, 10]))
out_b1 = tf.Variable(tf.random_normal([10]))
pred = tf.nn.softmax(tf.matmul(fc_out1, out_w1) + out_b1)
loss = -tf.reduce_mean(tf_Y * tf.log(tf.clip_by_value(pred, 1e-11, 1.0)))
train_step = tf.train.AdamOptimizer(1e-3).minimize(loss)
y_pred = tf.arg_max(pred, 1)
bool_pred = tf.equal(tf.arg_max(tf_Y, 1), y_pred)
accuracy = tf.reduce_mean(tf.cast(bool_pred, tf.float32))
with tf.Session() as sess:
    sess.run(tf.global_variables_initializer())
    for epoch in range(1000):
        for batch_xs, batch_ys in generatebatch(X, Y, Y.shape[0], batch_size):
            sess.run(train_step, feed_dict={tf_X: batch_xs, tf_Y: batch_ys})
        if (epoch % 100 == 0):
            res = sess.run(accuracy, feed_dict={tf_X: X, tf_Y: Y})
            print(epoch, res)
    res_ypred = y_pred.eval(feed_dict={tf_X: X, tf_Y: Y}).flatten()
    print(res_ypred)
```

运行结果：
0 0.11407902
100 0.78909296
200 0.79799664
300 0.79855317
400 0.79855317

500 0.79799664
600 0.79910964
700 0.79910964
800 0.79910964
900 0.8959377
[0 8 2 … 8 9 8]
识别率为 0.899。

第 10 章

博弈模型

大多数博弈系统是复杂系统，智能体在博弈过程中会不断学习和调整博弈策略，智能体之间相互影响，博弈结果对于智能体采用的博弈策略通常十分敏感。本章从两个方面介绍有关博弈的模型：一是介绍博弈规则模型，当我们设计一个计算机游戏时，逻辑上是设计了一套博弈规则，通过了解一个计算机游戏就可以了解一个博弈规则模型具有的基本要素；二是介绍强化学习模型，该模型是博弈策略的学习模型，即自主学习游戏规则并不断更新博弈策略。强化学习模型的种类有很多，我们将介绍其中的一个经典模型——Q - Learning 模型。通过 Q - Learning 模型，智能体不仅可以学会玩计算机游戏，还能成为顶级高手。

10.1 计算机游戏模型

计算机游戏是一类重要的博弈模型，很多计算机游戏是时序性要求很高的动态实时模型。随着计算机硬件水平的提高，计算机游戏也越来越复杂，与虚拟现实技术相辅相成、共同发展。计算机游戏中包含逻辑模型、环境模型和主体行为模型等，还包含博弈规则、计分规则、胜负规则等。计算机游戏除了包含上述模型，还需要动态可视化模型，以呈现游戏的逻辑过程。动态可视化模型需要不断刷新用户界面，同时还需要尽量减少计算机系统资源的消耗。此外，参与游戏的用户是特殊的主体，游戏系统应该具有用户交互模型以感知用户的行为。

10.1.1 子模型

计算机游戏主要分为动作类游戏和益智类游戏。动作类游戏由于涉及人机交互的时效性，需要考虑更多的因素，其模型也相对复杂。本章以经典游戏俄罗斯方块为例说明计算机游戏建模的一般过程。俄罗斯方块游戏属于动作类游戏，它虽然短小简洁，但包含了一般游戏应有的基本内容：具有时效性的动态逻辑规则、实时的用户界面和用户交互、激励游戏的计分规则等。

图 10.1 是用 Java 编写的俄罗斯方块游戏，作者故意设置了宽度为 5 列的模式，增加了游戏难度，也增加了游戏的趣味性，读者不妨一试，有时游戏规则的略微变化会产生很大的影响。

在设计计算机游戏时，除了游戏规则模型，设计者还需要建立多个模型。对于俄罗斯方块游戏，需要有状态模型、界面模型、计分模型、交互模型等。

（1）状态模型：表示系统当前状态的数据结构，如当前的俄罗斯方块布局、下落方块的类型和位置、下一个方块的预告、计分状态、消行总数等。

（2）界面模型：动态地呈现与用户有关的所有状态信息。

（3）计分模型：制定一次的消行数量、速降、速度等级、额外奖励等各种标准，以满足玩家的心理需求为目的。

（4）交互模型：用户通过键盘、鼠标、游戏杆等输入设备控制输入信息，实时改变系统内部状态，通过界面模型实时反馈结果。

基于 Python 的俄罗斯方块游戏的用户界面如图 10.2 所示。Python 源代码请见本书配套源代码（下载地址：www.hxedu.com.cn）。

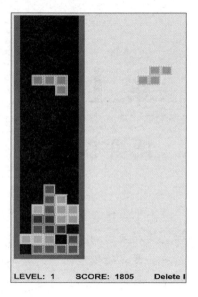

图 10.1　5 列俄罗斯方块

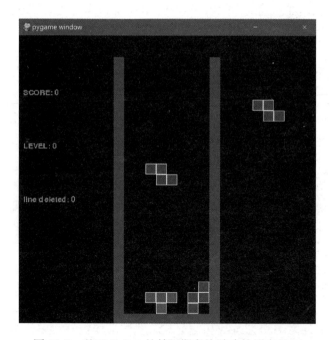

图 10.2　基于 Python 的俄罗斯方块游戏的用户界面

10.1.2　主体模型及系统参数

面向对象程序设计本身就是一种建模方法。首先需要发现系统中的对象，并对对象进行建模。通常的俄罗斯方块游戏包含 7 个不同类别的俄罗斯方块，这里姑且将其编号为 1~7，使用 7 种不同的颜色表示不同类型的俄罗斯方块。这些对象可以简单地使用矩阵和数字建模，矩阵表示俄罗斯方块的外形，数字表示颜色，主体模型详见代码清单 10.1。

代码清单10.1　俄罗斯方块的外形和颜色数据

```
tetris_shapes = [
    [[1, 1, 1],
     [0, 1, 0]],
    [[0, 2, 2],
     [2, 2, 0]],
    [[3, 3, 0],
     [0, 3, 3]],
    [[4, 0, 0],
     [4, 4, 4]],
    [[0, 0, 5],
     [5, 5, 5]],
    [[6, 6, 6, 6]],
    [[7, 7],
     [7, 7]]]
colors = [(0, 0, 0),
    (255, 0, 0),
    (0, 150, 0),
    (0, 100, 255),
    (255, 120, 0),
    (255, 255, 0),
    (180, 0, 255),
    (0, 220, 220),
    (100,100,100)]
```

代码清单10.2通过config字典参数设定俄罗斯方块游戏的容器的大小和位置。在系统参数的设定中，基本块像素（'cell_size'）设定为20，容器的行、列数（'rows'和'cols'）分别设定为24和8。

代码清单10.2　游戏参数设置

```
config = {
    'cell_size': 20,
    'cols': 8,
    'rows': 24,
    'delay': 200,
    'maxfps': 30,
    'topGap':2,
    'bottomGap': 1,
    'leftGap': 10,
    'rightGap': 10,
}
```

其中，'delay'控制方块的下降速度，初始值为200毫秒，该数值将根据self.level状态改变；'maxfps'为界面的刷新频率，具体作用在下文中说明；其余参数用于控制用户界面的位置和画面的大小。

10.1.3　逻辑规则

游戏的逻辑规则十分简单，以下是基本规则。
（1）开始一个新的周期，随机产生一个新块。
（2）当前块自由下降，模型自动控制当前块的下降速度。
（3）用户左移、右移、翻转当前块。
（4）对当前块的约束与其在环境中的位置有关，当前块不能移出容器，不能与容器中已有块的位置发生冲突。
（5）当前块接触到容器底边或底边上的块，则放置当前块，结束本周期，开始下一个周期。

类 TetrisApp（object）中实现了游戏模型的主要功能。在一个新周期开始时，使用 new_stone（self）方法随机产生一个新块。使用 drop（self）方法以一定的速度使当前块下降，使用 pygame.time.set_timer（pygame.USEREVENT+1，config['delay']-self.level*20）设定下降速度，下降速度与当前游戏状态 self.level 有关，self.level 越大下降速度越快。使用 move（self，delta_x）方法控制当前块的左右移动，使用 rotate_stone（self）方法调用 rotate_clockwise（shape），控制当前块的翻转。

在 drop（self）方法中，每当执行当前块下降动作后，通过 check_collision（board，shape，offset）判断是否结束本次周期，如果需要结束本次周期，则调用 join_matrixes（mat1，mat2，mat2_off）方法合并容器矩阵和块矩阵，并用 remove_row（board，row）删除所有元素不为零的行，然后开始新一轮周期。

10.1.4　用户界面

用户界面通过 draw_interface（self）方法完成。该方法调用 draw_matrix（）和 score_msg（），分别实现矩阵图像显示和文本图像显示。

事件 event.type==pygame.USEREVENT+1 为方块的下降速度。使用 self.dont_burn_my_cpu.tick（config['maxfps']）方法刷新屏幕，刷新频率为参数 config['maxfps']。

10.1.5　用户交互

代码清单 10.3 通过 key_actions 字典与相应的按键对应。'LEFT' 和 'RIGHT' 对应 move（self，delta_x）方法，'UP' 对应 rotate_stone（self）方法。

代码清单 10.3　游戏的键盘控制设置

```
key_actions = {
    'ESCAPE': self.quit,
    'LEFT': lambda: self.move(-1),
    'RIGHT': lambda: self.move(+1),
    'DOWN': self.drop,
    'UP': self.rotate_stone,
    'p': self.toggle_pause,
    'SPACE': self.start_game
}
```

此外，"开始"和"暂定"功能通过按键 'SPACE' 和 'p' 改变状态变量实现。

10.1.6 模型的实时性与资源优化

模型的状态是随时间动态变化的，动态变化的速度通过参数 config ['delay'] 进行控制。同时，模型需要不断地监控环境的变化，如用户的操作行为，随时根据环境的变化调整自己的内部状态。

模型状态并非受所有的环境信息的影响，忽略那些无关的环境信息可以节约运算资源。在本例中，方法 pygame.event.set_blocked（pygame.MOUSEMOTION）忽略了鼠标移动信息。当模型需要随机监听环境变化时，一定会消耗大量的运算资源。事实上，计算机的操作系统采用中断方式处理环境事件。event.type == pygame.KEYDOWN 处理按下键盘事件。

屏幕刷新频率设定的太高会造成资源浪费，设定的太低容易出现画面不稳定。通过设定一个定时器 self.dont_burn_my_cpu = pygame.time.Clock() 设定用户界面的刷新频率。

该游戏模型非常简单，虽然没有包含用户注册、登录、记录用户成绩及排名等功能，但已经包含了一个动作类游戏的主要功能。

10.2　Q-Learning 模型

计算机游戏模型本质上是一个博弈模型。游戏者如何在博弈的过程中获得胜利，或者获得最大收益，即如何玩游戏本质上是一个学习过程。这种学习模型既不同于有监督的学习模型，也不同于无监督的学习模型（9.2 节），而被归纳和定义为强化学习模型。

强化学习模型是指智能体学习如何将状态映射到动作以获得最大的奖励的模型。智能体不会被告知要采取哪些动作（无导师），而是必须通过尝试来发现哪些动作会产生更多的回报（试错），但在整个学习过程中又没有导师或参考答案，是通过不断地试错和延迟奖励积累经验的。本节以经典案例——学习井字棋游戏来说明这类学习模型。模型代码可以参见本书配套源代码（下载地址：www.hxedu.com.cn）。

如图 10.3 所示，井字棋游戏的规则是这样的：2 名玩家轮流在一个 3×3 的棋盘上比赛，一个玩家画"X"，另一个画"O"，若连续 3 个"X"或"O"落于一行或一列或同一斜线上则获胜。若棋盘已被填满还不能决出胜负则为平局。

X	O	O
O	X	X
		X

图 10.3　井字棋游戏

因为游戏规则十分简单，所以熟练的玩家可以从不输棋。那么我们如何让智能体在这样的游戏规则下学会下棋呢？通常建立强化学习模型需要考虑 4 个要素：环境模型、策略、价值函数和奖励信号。

（1）环境模型使智能体感知环境的状态，对应本案例就是棋局，包括开始棋局、中间棋局和结束棋局。其中，结束棋局还包括哪一方胜利或平局。

（2）策略是环境状态集合到可采取行动集合的映射，即元素为 <state, action> 的集合。对应本案例，state 就是棋局，action 就是在某个位置落子。

（3）每一个策略都对应一个价值函数。价值函数的自变量是二元组 <state, action>，函数的值域是实数，表示在特定状态执行特定动作的价值判断。注意这里的"价值"不是实际获得的价值，而是这个策略对二元组 <state, action> 的价值估计。

（4）奖励信号是指在不断地试错过程中获得的延迟奖励（每次对弈的结果）。奖励信号用于更新每次对弈的二元组 <state, action> 序列中的状态的价值，通过更新不断完善整个策略。对应本案例，奖励信号就是胜、负和平局对应的成绩（分别是1、-1和0）。

井字棋游戏强化学习模型的建立，必须考虑以下问题，结合源代码这里做如下解析。

（1）首先需要定义环境状态。源代码中定义了 state 类，state 类可以创建棋局状态对象。由于井字棋棋局的数量很少（共5478个棋局），用函数 get_all_states（）生成所有的棋局状态。

（2）Player 对象是智能体玩家，它可以通过强化学习模型在对弈过程中不断积累经验，因此它拥有一个不断完善的策略 estimations，同时包含学习步长参数和 epsilon 参数。epsilon 参数用于决定"探索"或"利用"。"探索"是随机选择一个行动，"利用"是选择最大价值的行动。智能体需要在两种决策之间进行平衡才能又快又好地学习。另外，Player 对象还有一个状态栈 states，其中保留了一次对弈的历史棋局。Player 中的重要方法 backup，通过状态栈 states 更新策略 estimations。更新公式是：

$$V(S(t)) \leftarrow V(S(t)) + \alpha [V(S(t+1)) - V(S(t))]$$

式中，$S(t)$、$S(t+1)$ 分别表示系统在 t 时刻和 $t+1$ 时刻的状态；$V(\cdot)$ 表示系统状态的价值；α 是模型的学习因子。

（3）Judger 对象是裁判，其中包含了两个 Player 对象进行对弈，也可以让其中一个是 HumanPlayer 对象，这样就可以进行智能体和人的对弈了。

（4）函数 train（epochs, print_every_n = 500），通过两个智能体的很多次的对弈训练它们各自的策略。期初它们完全不懂，通过相互博弈最后建立成熟的策略，成为不败的棋手。

（5）函数 compete（turns）用于测试两个智能体的对弈，函数 play（）用于智能体和人的对弈。

强化学习模型是一种理解和自动目标导向的学习和决策模型。它与其他方法的区别在于，它强调个体通过与环境的直接交互来进行学习，而不需要示范监督或完整的环境模型。强化学习被认为是第一个真正解决从与环境的交互中学习以实现长期目标的人工智能领域。

第 11 章

城市空间模型

真实城市是一个巨型复杂系统。自然发展形成的城市称为自然城市,自然城市是自下而上逐渐演化建立的。自上而下规划建立的城市称为人工城市。世界各地古老的小村小镇都是自然城市,很多大型现代化城市都是人工城市。大部分现代城市既有自下而上的自然演化过程,也有自上而下的人工规划过程,是自然城市和人工城市的混合体。在城市发展的早期,自然演化过程占主导,在后期人工规划过程占主导。

城市最重要的价值是宜居,而城市空间系统是一切城市功能的基础。城市空间系统包括建筑、路网、空地、绿化和自然环境(河流、湖泊、丘陵)等,各种空间元素组织在一起实现城市的各种功能,如居住、工作、购物、教育、医疗、健康等。

城市空间模型研究城市空间的特征。具有不同的传统文化、"生长"在不同的自然环境中的城市,具有不同的空间元素的组合形式,如居民住房的格局、街道和路网的结构、公共活动区域、商业交易场所、城市的边界等,各有特点。建立城市空间模型的目的是研究不同的城市空间特征对城市功能的影响,研究各种功能需要的空间特征。例如,居民区的空间特征,商业区的空间特征,城市中居民区与商业区的空间分布等。

真实城市的空间结构是复杂不规则的,通常其空间特征不显著。为了突出空间特征对功能的影响(如路网分布对功能区划分的影响),建立具有某种显著空间特征的虚拟城市空间模型,有利于从理论上研究这类问题。

城市空间布局是城市规划的核心问题。城市规划没有正确答案,但有一些评判标准。自上而下的城市规划需要考虑多种因素,有时得到的结果未必优于自然形成的空间布局。

11.1 虚拟城市空间模型

虚拟城市空间模型可以通过自上而下的功能分区的空间规划算法生成,也可以通过自下而上的自然演化方式生成。后者需要通过一个微观层面的互动机制,这种机制是一种自组织机制,或者称为内因力,让城市由小到大、由简单到复杂逐渐发展起来。本节将采用这样的模式建立一个虚拟城市空间模型。

真实城市的空间布局一般要比虚拟城市的空间布局复杂,但是形成自然城市复杂空间形态的背后的机制也许是简单的。这里将运用非常简单的规则,自下而上局部自组织地生成城市。在生成的城市中可以看到房屋和道路自然地分布,每个房屋都可以通过道路抵达,整个城市房屋分布疏密有秩,路网通达。

虚拟城市空间的基本单元只有4个，分别是房屋、道路、十字路口和空地，如图11.1所示。其中，房屋和道路是有方向性的。房屋有4个朝向，分别用1、2、3、4表示；道路有2个朝向，分别用5和6表示；用0代表未开发区域，用7代表十字路口，用8代表空地。用一个由元素（0，1，2，3，4，5，6，7，8）构成的矩阵，可以描述虚拟城市的空间布局。例如，某个60×30行列式的虚拟城市空间模型如图11.2所示。

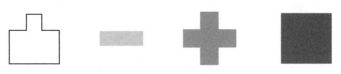

图11.1 城市空间的基本单元　　　　　　　　　　　　　扫码看彩图

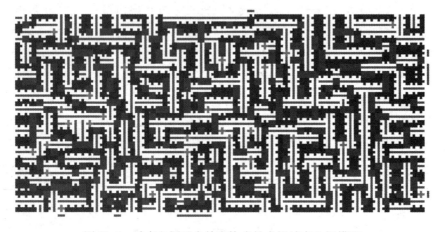

图11.2 城市空间基本单元构成的虚拟城市空间模型　　　扫码看彩图

虚拟城市的生成机制是反复使用如下规则，最终形成如图11.2所示的虚拟城市空间模型。

（1）每栋房屋前需要有一段道路，道路与房屋朝向一致。

（2）查找空闲单元，当8个相邻区域都是空白时，建设一栋房屋，朝向任意，在屋前建设一段道路。

（3）当上下左右4个直接相邻区域内存在道路，在此单元沿同方向建设道路；如果道路方向冲突，则建设十字路口。

（4）当上下左右4个直接相邻区域内存在房屋，根据邻居房屋的朝向建设房屋，选择背靠背或面对面，如果所建房屋正前为空闲，同时建设一段道路。

（5）如果4角相邻区域（左上、右上、左下、右下）内有道路，则根据道路朝向建房或建路。

（6）如果4角相邻区域内有房屋，则房屋必然向外，空闲处建房或建路。

（7）将3面有路的房屋设为公共空间。

运行代码清单11.1生成如图11.2所示的虚拟城市空间模型，其中的函数请见本书配套源代码（下载地址：www.hxedu.com.cn）中的虚拟城市函数库。

代码清单 11.1　虚拟城市空间模型

```
import numpy as np
import pandas as pd
from pandas import Series,DataFrame
from IPython.display import SVG
import svgwrite
from svgwrite import rgb
from VirtualCity import *
height = 30
width = 60
BuildingSize = 8
p = built(width,height,0.8)
# 填充全部空闲空间
fill_road(p)
# 保存矩阵,矩阵中包含虚拟城市的全部信息,矩阵是核心数据
np.savetxt("./data/p.txt", p)
# 用矩阵绘制 SVG,虚拟城市的可视化
draw_street(r'./data/1.svg', p, BuildingSize)
SVG(url = './data/1.svg')
```

在上述代码中，函数 built（width，height，0.8）生成宽和高为（width，height）、建筑物密度为 0.8 的虚拟城市空间模型，变量 p 是生成的虚拟城市矩阵，保存在文件"p.txt"中，待后续使用。函数 draw_street（r'./testdata/1.svg'，p，BuildingSize）将虚拟城市矩阵转换为 svg 图像，呈现虚拟城市空间模型。

代码清单 11.2 首先通过函数 SaveRoadAxialTable 从矩阵 p 中提取虚拟城市的路网并保存在 csv 格式的文件中（1.csv）。通过函数 SvgFormCsv 将 csv 文件转换为 svg 图像，如图 11.3 所示。

代码清单 11.2　虚拟城市的路网模型

```
from VirtualCity import *
height = 30
width = 60
BuildingSize = 8
p = built(width,height,0.8)
fill_road(p)
SaveRoadAxialTable(r'./data/1.csv', p, BuildingSize)
BuildNetWithCsv(r'./data/1.csv','path','linkednode','con_v')
SvgFormCsv(r'./data/1.csv','path','width',r'./data/2_11.svg',width* BuildingSize,
height* BuildingSize)
```

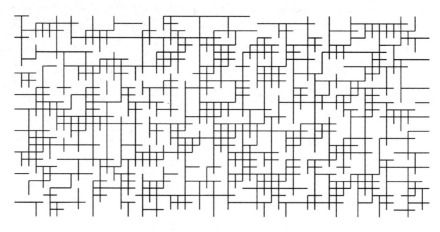

图 11.3　虚拟城市的路网模型

11.2　空间句法模型

空间句法是运用图论和几何学分析人类聚居空间形态与功能的一系列理论和技术，其核心观点是空间不是社会经济活动的背景，而是社会经济活动开展的一部分。空间句法理论作为一种新的描述建筑与城市空间模式的语言，其基本思想是对空间进行尺度划分和空间分割，分析其复杂的关系。空间句法中所指的空间，不仅仅是欧氏几何所描述的可用几何方法来量测的对象，而且描述空间之间的拓扑、几何、实际距离等关系。它不仅关注局部的空间可达性，而且强调整体的空间通达性和关联性。

空间句法本质上是建立空间的拓扑结构。空间研究对象有路网的轴线模型和路段模型、凸空间连接模型、空间视域模型和 Agent 在特定空间的流动模型等。所有的空间对象被抽象成图结构，通过研究图的拓扑性质来反映空间的本质特性。

目前空间句法提出的拓扑性质有节点的连接度、总体深度、平均深度、去除相对不对称性的平均深度 RA 和 RRA（再除以钻石型 RA）、整合度（RRA 的倒数）、选择度（所有最短路径经过的次数）、控制度（Control）、熵（这个指标出现在 Depthmap，但是我没有找到计算公式）等。上述这些参数可以在全图中运算，也可以在一个局部范围内计算。计算时可以使用各种长度定义，如拓扑长度、加权长度，以反映城市的整体或区域特征。

空间拓扑性质与对应的城市空间属性之间的关联，基本是凭借主观判定的，有些地方是比较模糊的，但已经发现了很多潜在的规律性，这些规律性还需要进一步完善和总结。例如，全图的整合度对应"空间的中央"，是理论上的商业繁荣位置。位置的选择度高意味着穿越性好，人流趋向于途经此处，理论上交通流会较高，要求通行畅通。将上述拓扑性质与城市空间评价建立非常明确的关联，形成评价、优化和规划设计的逻辑闭环，才能发挥空间句法分析的价值。

本节将对上节所生成的虚拟城市的路网模型进行空间句法分析。

11.2.1 轴线的连接度

一座城市的道路系统的长度是指所有道路的总长度，这个指标综合反映这座城市的交通发展水平。虽然各条道路交织在一起，但是每条道路还是具有一定的连续性和封闭性，从一条道路进入另一条道路需要付出一定的代价。每条道路长度的分布在一定程度上可以反映城市交通的整合程度。自上而下规划的城市可以设计较长的道路，便于穿行通过。短道路具有隐秘功能，适合居住或隐秘事业，但也有可能为犯罪提供便利。道路长度可以进行轴线分析，发现城市通行主干道路。起着整合城市交通作用的长道路，如贯穿城市的大道，内层、外层环路，必须要通过城市道路规划完成。上述虚拟城市空间模型中的道路是城市发展过程中由于建筑物的需要自然形成的，这类道路一般不会很长。

空间句法可以分析路网的拓扑结构，其中连接度是一条道路最重要的特征之一。连接度体现了一条道路融入整个城市交通网络的程度。

图 11.4 分析了图 11.3 路网模型中每条轴线的连接度。轴线的颜色代表轴线的连接度：越长的轴线，位于路网密度越大的轴线，颜色越深。

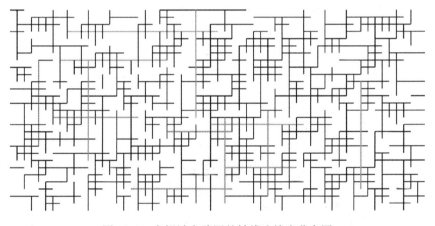

图 11.4 虚拟城市路网的轴线连接度分布图

扫码看彩图

11.2.2 路段的可达性

空间句法的轴线分析是评价主干道路融入城市交通的能力，主干道路发达体现了城市具有好的出行能力。而人们日常的活动是以路段为单位的，城市道路之间的局部空间关系及局部与整体之间的关系，在很大程度上决定了一条道路的繁荣程度。在分析路段之前，首先需要建立路段网络，即将所有道路分割成路段，路段内部不再有交通分叉，只有路段两头连接其他路段。在空间拓扑结构中可以将路段视为一个节点，网络中节点的可达性是指经过此节点的网络中两点之间的最短路径的总数。路段的可达性可以反映这一路段的繁荣程度或繁荣的潜力。图 11.5 是虚拟城市路网的路段可达性分布图。

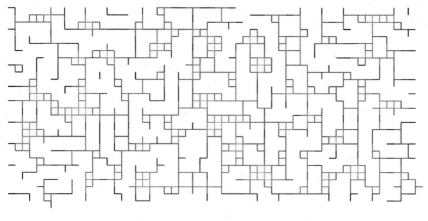

图 11.5　虚拟城市路网的路段可达性分布图　　　　扫码看彩图

11.2.3　轴线的选择度

轴线的选择度是轴线上类似可达性的一个指标，该指标的计算量很大。轴线的选择度反映了一条道路的重要性。通常交通要道的选择度最高，人们出行时倾向于选择该道路。计算轴线拓扑图上每个节点的选择度，会发现中心的长轴道路的选择度是最高的，因此该道路是交通要道。图 11.6 是虚拟城市路网的轴线选择度分布图。

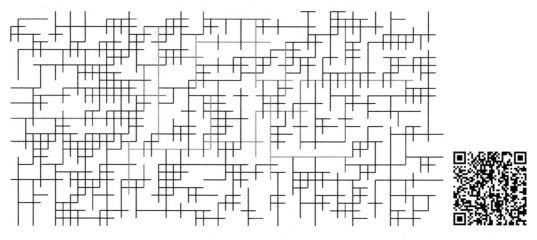

图 11.6　虚拟城市路网的轴线选择度分布图　　　　扫码看彩图

空间句法将城市空间，包括道路、建筑、空地等抽象成网络，运用网络理论研究城市的特征。NetworkX 函数库提供了丰富的网络计算功能，如节点的总体深度、平均深度、控制度、熵等。Depthmapx 软件可以完成空间句法绝大部分功能。城市空间模型是复杂系统模型，还有很多问题需要进行建模和研究。

11.3　分形虚拟城市模型

城市空间规划，建筑、交通系统设计等通常需要有意识地利用分形特征。城市空间的历史演化也在很大程度上遵循分形机制。本节介绍的分形虚拟城市模型利用分形机制模拟城市演化过程，演化过程包含一个迭代过程和一个分形过程，城市的区域不断被划分和分形，最终形成布局合理的城市模型。分形虚拟城市模型为城市建模提供了一个新的方法，对于城市问题研究具有一定的意义。

11.3.1 分形虚拟城市模型的复杂性

分形虚拟城市模型的应用领域非常广泛，如三维游戏、三维电影、互联网上的数字城市等，都需要建立城市的虚拟现实环境。另外，研究分形虚拟城市模型对于城市地理、城市演化、城市管理具有重要意义。通常有两类分形虚拟城市模型：第一类模型是通过地图、CAD 数据、图片、视频等媒体生成一座现实城市的全真三维模型；第二类模型是通过研究不同城市的形成和演化机理，建立系统模型，通过计算机模拟生成"人工"城市。后者对于研究各种可能的城市形态、城市的概念设计、城市的演化过程、城市发展的动因、城市的规划管理等方面都具有重要意义。

城市建筑的基本职能是提供各种类别的活动空间。空间按其归属权可分为公共空间和私有空间，按功能可分为楼房、道路、广场等。空间可以进一步划分为子空间，并且这一划分过程是可迭代的。空间是一种需要管理的重要资源，社会活动需要发生在一个空间内，也经常会在两个或多个空间之间进行。空间给人们提供了活动场所，同时也阻隔了人们之间的交往。因此，为了便于联系和交往，需要优化空间布局，在空间之间建立交通系统。

城市的发展过程就是一个不断提供空间和调整空间布局的过程，体现为楼房、道路、广场、绿地等的生成、更新或废弃。在城市的自然形成过程中，人们无意或有意地运用了分形结构。以城市交通为例，一座建筑内的走廊是通向城市空间细胞（房屋）的末端交通。建筑物之间的道路、社区之间的公路、城区之间的高速路或地铁等，形成了城市交通的层次结构，不同层次的交通设施连接的空间规模不同，形成了局部与整体具有相似性的分形结构。

11.3.2 分形虚拟城市模型的分形假设和分形过程

为了合理简化模型的复杂性，突出模型的主要特征，设定以下假设。

（1）无地理差异性假设：城市所在的地域是无限的，没有地理特征上的差异性。河流、湖泊、丘陵及城市周围环境等地理环境对城市布局有很大的影响，这些影响可以在细化模型时再进行考虑。

（2）选址假设：城市规划选址方案是城市发展布局的决定因素。影响选址方案的因素很多，模型简化了选址方案，假设地皮价格是唯一需要考虑的因素。地皮价格由建筑密度和交通 2 个因素决定。建筑密度越高，地皮价格越高；交通因素表示越接近道路的地皮价格越高。

（3）随机周期性假设：城市发展是周期性的随机投入建设资源的过程，模型中将建设资源需求简化为对地皮面积的需求。

分形虚拟城市模型的分形过程是通过两个迭代过程实现的。第一个迭代过程从任意一个待开发区域 S 开始，在该区域的中心位置 P_0 划分出一块随机大小的未开发区域 S_0，占用该区域并重新计算剩余待开发区域（$S-S_0$）的地皮价格，选址确定下一个开发点 P_1，重复上述过程，直到满足迭代终止条件。迭代过程可以将待开发区域 S 划分为一个区域彼此不重叠的序列 $\{S_1, S_2, S_3, \cdots, S_n\}$。第二个迭代过程是对该区域序列中的每个区域 S_i 再次进行同样的迭代划分，直到满足迭代终止条件。迭代终止条件为在何种条件下划分区域可以建楼、建路、建空地等。图 11.7 为选址分形迭代过程的示意图。

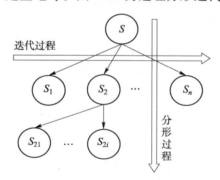

图 11.7 选址分形迭代过程

上述模型是一个动态模型，既模拟了城市的发展现状又模拟了城市的演化过程。

11.3.3 分形虚拟城市模型的定义

下面通过建立一组定义来描述分形虚拟城市模型。

定义 1：PN 是密选址算子，PN 从给定区域 S 中确定离区域中心最近、价值最高的未被占用的位置 P，表示为：$P = \mathrm{PN}(S)$。

定义 2：PF 为疏选址算子，PF 从给定区域 S 中确定离区域中心最近、价值最低的未被占用的位置 P，表示为：$P = \mathrm{PF}(S)$。

定义 3：E 为区域扩充算子，E 算子以某个未被占用的点 P 为中心，在未被占用的区域上进行扩展，当面积达到 S' 或不能再扩展为止，返回扩展得到的矩形区域，表示为：$S = E(P, S')$。

定义 4：B 为建楼算子，B 算子在区域 S 中建设高度为 H 的楼，表示为 $B(S, H)$。

定义 5：CAL 为地皮计价算子，$\mathrm{CAL}(S)$ 表示按某个地皮计价模型计算区域 S 中各点的地皮价格。地皮价格受周围建筑密度影响。

定义 6：IN 为密规划算子，该算子有 3 个参数：S、R（R 为正整数）和 s。该算子先计算区域 S 内各点的地皮价格，选择离区域中心最近、价值最高的未被占用的位置 P，从 P 扩充一块不大于 S/R 的区域，重复上述过程。$\mathrm{IN}(S, R, s)$ 得到如下区域序列：

$$S_i = <\mathrm{CAL}(S), E\left(\mathrm{PN}(S), \frac{S}{R}\right)> i = 1, 2, \cdots n$$

要求序列的最后两项满足 $S_n - 1 > s$ 和 $S_n < s$。

定义 7：IF 为疏规划算子，该算子有 3 个参数：S、R（R 为正整数）和 s，该算子先计算区域 S 内各点的地皮价格，选择离区域中心最近、价值最低的未被占用的位置 P，从 P 扩充一块不大于 S/R 的区域，重复上述过程。$\mathrm{IF}(S, R, s)$ 得到如下区域序列：

$$S_i = <\mathrm{CAL}(S), E\left(\mathrm{PF}(S), \frac{S}{R}\right)> i = 1, 2, \cdots n$$

要求序列的最后两项满足 $S_n - 1 > s$ 和 $S_n < s$。

定义 8：分形虚拟城市模型定义为一个四元式，$\mathrm{CT} = (S, R, s, L)$。其中，$S$ 为建设城市的区域；R 为区域划分因子，是一个正整数；s 为截止面积，当获得的区域的面积小

于 s 时，则这块区域将用于建楼；L 为由不同类型的规划算子构成的迭代序列。例如，迭代序列 L 为疏、密相间的规划算子序列：

$$L = \{\text{IN}, \text{IF}, \text{IN}, \text{IF}, \cdots\}$$

则分形虚拟城市模型的演化过程为：

$$\text{IN}(S, R, s) = \{S_0, S_1, \cdots, S_n\}, B(S_n, h_1)$$

$$\text{IF}(S_i, R, s) = \{S_{i0}, S_{i1}, \cdots, S_{in}\}, B(S_{im}, h_i)$$

$$\cdots$$

$$\text{IN}(S_{i_1 i_2 \cdots i_t}, R, s) = \{S_{i_1 i_2 \cdots i_t, 0}, S_{i_1 i_2 \cdots i_t, 1}, \cdots, S_{i_1 i_2 \cdots i_t, k}\}, B(S_{i_1 i_2 \cdots i_t, k}, h_{i_1 i_2 \cdots i_t})$$

$$\cdots$$

$$S_{i_1 i_2 \cdots i_e} < s, B(S_{i_1 i_2 \cdots i_e}, h_{i_1 i_2 \cdots i_e})$$

在上述模型的演化过程中，若每次规划得到的区域序列的最后一项的面积小于截止面积 s，则这块区域将用于建楼，不再继续规划。分形过程的迭代终止条件也是区域面积小于截止面积 s。图 11.8 是在 100×100 单位面积局部区域内上述算法得到的一个结果。规划算子构成的迭代序列决定了建筑的疏密分布。

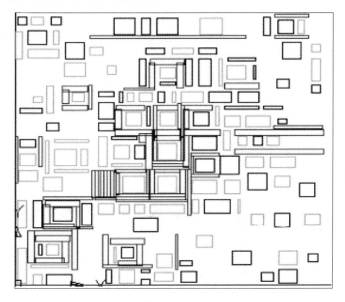

图 11.8　算法实现的区域划分

11.3.4　分形虚拟城市模型的实现

分形虚拟城市模型在实现过程中还需要考虑一些问题，其中一个问题是如何确定建筑物高度。该模型假设建筑物的高度与建筑物所占区域的地皮总价格成正比，这一假设与现实比较吻合，因为可以通过建筑物的高度分摊地皮价格，以降低单位建筑面积的造价。设建筑物所占区域为 S，区域内地皮价格为 $C(P)$ $(P \in S)$，则建筑物的高度 $H = K \oint_s C(P) \mathrm{d}s$，其中 K 为常数因子。

另一个问题是如何建立社区之间的交通系统。通过分形过程，区域被划分的越来越小，直到最后竖立起一座座建筑物。越大的社区之间的交通通道应该越宽，越小的社区之间的交通通道应该越窄,伴随分形城市布局的交通系统也具有分形特征。模型在迭代过程中划分区域时,在区域之间建立相同等级的交通通道,在分形时建立不同等级的交通通道,可以实现上述分形交通系统。

通过计算机可以方便地模拟分形虚拟城市模型的演化过程。图 11.9 是当 $\frac{S}{s}$ = 30000、R = 3 时,使用疏规划算子和密规划算子相间的规划算子序列得到的结果,图中包括了两个不同视角的同一个城市模型。图 11.10 是 $\frac{S}{s}$ = 500 时的城市一角。

分形虚拟城市模型定义为一个四元式,CT = (S,R,s,L)。其中,S 为建设城市的区域;R 是一个正整数,R 越大,区域划分越小,子区域序列也就越长;s 为截止面积,当区域面积小于 s 时则建楼。实际上 S 和 s 的相对关系决定了城市规模,即 $\frac{S}{s}$ 决定了城市规模。迭代序列 L 决定了城市建筑的疏密布局,疏规划算子(IF)多,则建筑分布松散;密规划算子(IN)多,则建筑分布密集。

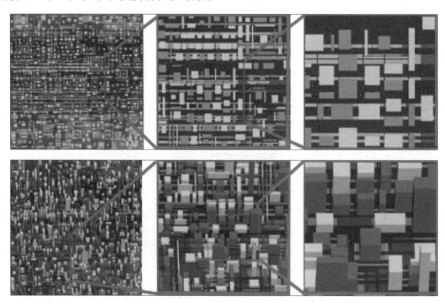

图 11.9　分形城市　　　　　　　　　　　扫码看彩图

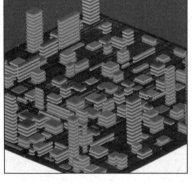

图 11.10　城市一角　　　　　　　　　　　扫码看彩图

地皮价格受周围建筑密度的影响，在计算地皮价格时需要确定受影响区域的范围，范围越大，计算量就越大，城市分形的整体性质就越好。从实际情况出发，影响地皮价格的周边区域是有限的，需要适当选择。城市优化布局的基本任务是解决空间利用率与交通畅通之间的矛盾。在一定的科技水平下，空间利用率的提高必然影响交通畅通，因此需要在两者之间权衡。分形结构是解决这一矛盾的有效方法，是空间利用率最高的一种结构，同时又符合建筑美学。通过分形虚拟城市模型的研究，可以发现一些新的建筑模式和城市规划模式，也提供了一种新的城市发展观，对于研究城市发展的宏观规律具有重要意义。

上述模型可进一步细化，建筑选址不仅要考虑周边建筑布局，也应考虑交通问题。交通建设应该纳入成本，在选址过程中统筹考虑。对建筑用途也可以进行细化，建立更细致的分形布局等。

11.3.5 Python 实现

11.3.4 小节中的模型通过 CAD 脚本语言实现，模型比较复杂且代码量很大。本节使用 Python 语言和 VPython 图形工具包实现了模型的简化。简化后的模型中不包含地皮价格、选址和楼高等因素，仅包含基本的分区和分形部分。代码清单 11.3 包含了分形虚拟城市模型中使用的函数。代码清单 11.4 是分形空间规划过程，是一个迭代分区的递归过程，递归条件是 mr > min_size（min_size = 20）。

代码清单 11.3　分形虚拟城市模型函数库

```python
#from vpython import *
import numpy as np
import matplotlib.pyplot as plt
def init(length=100,width=100):
    arr=np.zeros((width+2,length+2))
    arr[0,:]=9
    arr[length+1,:]=9
    arr[:,0]=9
    arr[:,width+1]=9
    return arr
def random(arr,r=100):
    for _ in range(r):
        i=np.random.randint(1,length+1)
        j=np.random.randint(1,width+1)
        arr[i,j]=1
def up(area,arr,box):
    if box[0]-1<=area[0]:
        return False
    for i in range(box[1],box[1]+box[3]):
        if arr[box[0]-1,i]!=0:
            return False
    return True
def up_change(area,arr,box):
```

```python
        if up(area,arr,box):
            box[0]-=1
            box[2]+=1
    def down(area,arr,box):
        if box[0]+box[2]>=area[0]+area[2]:
            return False
        for i in range(box[1],box[1]+box[3]):
            if arr[box[0]+box[2],i]!=0:
                return False
        return True
    def down_change(area,arr,box):
        if down(area,arr,box):
            box[2]+=1
    def right(area,arr,box):
        if box[1]+box[3]>=area[1]+area[3]:
            return False
        for i in range(box[0],box[0]+box[2]):
            if arr[i,box[1]+box[3]]!=0:
                return False
        return True
    def right_change(area,arr,box):
        if right(area,arr,box):
            box[3]+=1
    def left(area,arr,box):
        if box[1]-1<=area[1]:
            return False
        for i in range(box[0],box[0]+box[2]):
            if arr[i,box[1]-1]!=0:
                return False
        return True
    def left_change(area,arr,box):
        if left(area,arr,box):
            box[1]-=1
            box[3]+=1
    def extends(area,arr,box,max):
        while box[2]*box[3]<max and (up(area,arr,box) or right(area,arr,box) or down(area,arr,box) or left(area,arr,box)):
            up_change(area,arr,box)
            right_change(area,arr,box)
            down_change(area,arr,box)
            left_change(area,arr,box)
    def filebox(arr,b,x):
        for i in range(b[0],b[0]+b[2]):
            arr[i,b[1]]=x
            arr[i,b[1]+b[3]-1]=x
```

(续)

```
            for j in range(b[1],b[1]+b[3]):
                arr[b[0],j]=x
                arr[b[0]+b[2]-1,j]=x
        def fileboxb(arr,b,x):
            for i in range(b[0],b[0]+b[2]):
                for j in range(b[1],b[1]+b[3]):
                    arr[i,j]=x
        def fillBoxes(box_arr,arr,x):
            for b in box_arr:
                filebox(arr,b,x)
```

代码清单 11.4　分形空间规划过程

```
from vpython import *
import numpy as np
import matplotlib.pyplot as plt
from VirtualCity import *
from CSys11_3 import *
######################################
length=300
width=300
arr=init(length,width)
box_arr=[[1,1,length,width]]
def layout(area,arr,rate=0.5,min_size=20):
    mr=area[2]*area[3]*rate
    while mr>min_size:
        x1=np.random.randint(area[0],area[0]+area[2])
        x2=np.random.randint(area[1],area[1]+area[3])
        if arr[x1,x2]==0:
            mr=mr*rate
            if mr>=min_size:
                box=[x1,x2,1,1]
                extends(area,arr,box,mr)
                box_arr.append(box)
                layout(box,arr,rate=0.6,min_size=20)
                fileboxb(arr,box,5)
layout([1,1,length,width],arr,rate=0.6,min_size=10)
```

代码清单 11.5 生成城市规划的平面布局，如图 11.11 所示。代码清单 11.6 生成城市规划的空间布局，如图 11.12 所示。

代码清单11.5　平面布局

```python
from vpython import *
import numpy as np
import matplotlib.pyplot as plt
from CSys11_3 import *
######################################
length = 300
width = 300
arr = init(length, width)
box_arr = [[1, 1, length, width]]
def layout(area, arr, rate=0.5, min_size=20):
    mr = area[2] * area[3] * rate
    while mr > min_size:
        x1 = np.random.randint(area[0], area[0] + area[2])
        x2 = np.random.randint(area[1], area[1] + area[3])
        if arr[x1, x2] == 0:
            mr = mr * rate
            if mr >= min_size:
                box = [x1, x2, 1, 1]
                extends(area, arr, box, mr)
                box_arr.append(box)
                layout(box, arr, rate=0.6, min_size=20)
                fileboxb(arr, box, 5)
layout([1, 1, length, width], arr, rate=0.6, min_size=10)
######################################
rt1 = 6
sl = []
for i in range(len(box_arr) -1):
    t = box_arr[i+1][0] > box_arr[i][0] and box_arr[i+1][0] < box_arr[i][0] + box_arr[i][2]
    t1 = box_arr[i+1][1] > box_arr[i][1] and box_arr[i+1][1] < box_arr[i][1] + box_arr[i][3]
    if not(t and t1):
        if box_arr[i][2]/box_arr[i][3] < rt1 and box_arr[i][3]/box_arr[i][2] < rt1:
            sl.append(box_arr[i])
sl1 = []
for i in sl:
    if i[2]* i[3] < 300:
        sl1.append(i)
arr2 = init(length, width)
fillBoxes(sl1, arr2, 9)
plt.figure(figsize=(10,10))
plt.imshow(arr2)
plt.show()
```

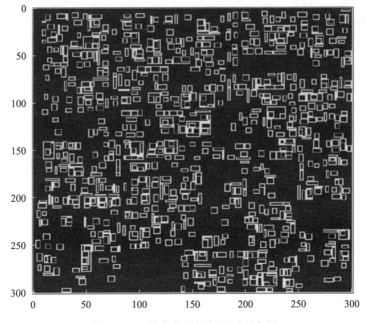

图 11.11　城市分形规划的平面布局　　　　扫码看彩图

代码清单 11.6　空间布局

```
from vpython import *
import numpy as np
import matplotlib.pyplot as plt
from VirtualCity import *
from CSys11_3 import *
####################################
length = 300
width = 300
arr = init(length, width)
box_arr = [[1, 1, length, width]]
def layout(area, arr, rate=0.5, min_size=20):
    mr = area[2] * area[3] * rate
    while mr > min_size:
        x1 = np.random.randint(area[0], area[0] + area[2])
        x2 = np.random.randint(area[1], area[1] + area[3])
        if arr[x1, x2] == 0:
            mr = mr * rate
            if mr >= min_size:
                box = [x1, x2, 1, 1]
                extends(area, arr, box, mr)
                box_arr.append(box)
                layout(box, arr, rate=0.6, min_size=20)
                fileboxb(arr, box, 5)
layout([1, 1, length, width], arr, rate=0.6, min_size=10)
########################################
rt1 = 6
sl = []
```

(续)

```
for i in range(len(box_arr)-1):
    t = box_arr[i+1][0] > box_arr[i][0] and box_arr[i+1][0] < box_arr[i][0]+box_arr[i][2]
    t1 = box_arr[i+1][1] > box_arr[i][1] and box_arr[i+1][1] < box_arr[i][1]+box_arr[i][3]
    if not(t and t1):
        if box_arr[i][2]/box_arr[i][3] < rt1 and box_arr[i][3]/box_arr[i][2] < rt1:
            sl.append(box_arr[i])
sl1 = []
for i in sl:
    if i[2]*i[3] < 300:
        sl1.append(i)
arr2 = init(length,width)
fillBoxes(sl1,arr2,9)
plt.figure(figsize=(10,10))
plt.imshow(arr2)
#############################
def hight(box):
    return (box[2]*box[3])/5+1
box(pos=vector(0,0,0),length=400,height=1,width=400,color=color.white)
def drawbox(b):
    h = hight(b)
    #print(b[0],b[1],b[2],b[3],h)
    box(pos=vector(b[0]-150,h/2,b[1]-150),length=b[2],height=h,width=b[3],color=color.white)
for b in sl1:
    drawbox(b)
```

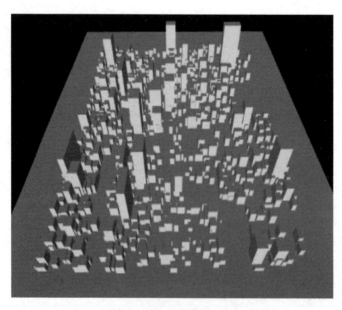

图 11.12 城市分形规划的空间布局

分形现象在一个城市中是普遍存在的，可归纳为静态分形和动态分形。静态分形主要包括空间分形、交通分形、居住分形、功能分形等。上述模型仅体现了城市的空间分形和交通分形机制。有关城市的空间分形、交通分形是有统计依据的，是被完全证实的。而城市的居住分形、功能分形是一种有待证实的猜想。居住分形是指城市居民的居住分布具有分形性质。功能分形是指城市所提供的各种功能设施具有分形性质，如商业娱乐、通信、水电暖等，功能分形应该是其他分形性质的派生性质。

动态分形主要包括发展分形、需求分形。这些分形也属于未经证实的猜想。我们猜想城市的发展速度在时间轴上具有分形性质。城市居民的各种需求具有分形性质，如出行需求、用电需求等。总之，城市作为一个复杂系统，其中分形现象几乎无处不在，这些分形现象之间具有内在的联系。

参 考 文 献

[1] 约翰·L. 卡斯蒂. 虚实世界 [M]. 王千祥, 权利宁, 译. 上海: 上海科技教育出版社, 1999.

[2] 米歇尔·沃尔德罗普. 复杂: 诞生于秩序与混沌边缘的科学 [M]. 陈玲, 译. 上海: 生活·读书·新知三联书店, 1997.

[3] Santa Fe Institute [EB/OL]. [2021.2.1]. https://www.santafe.edu/.

[4] STEPHEN WOLFRAM. A New Kind of Science [EB/OL]. [2021.2.1]. https://www.wolframscience.com/nks/.

[5] BASTIEN ChOPARD, MICHEL DROZ. 物理系统的元胞自动机模拟 [M]. 祝玉学, 赵学龙, 译. 北京: 清华大学出版社, 2003.

[6] CYERT R, DEGROOT M. A Multisectoral Micro-Macrodynamic Model [EB/OL]. [2021.2.1]. https://www.researchgate.net/publication/5078884_A_Multisectoral_Micro-Macrodynamic_Model.

[7] BIHAM O, MIDDLETON A A, LEVINE D. Self-organization and dynamical transition in traffic-flow models [EB/OL]. [2021.2.1]. https://arxiv.org/abs/cond-mat/9206001.

[8] NAGATANI T. Jamming transtition in the traffic-flow model with two-level crossing [J]. PHYSICAL REVIEW E, 1993.

[9] CUESTA J A, MARTINEZ F C, MOLERA J M. Phase transitions in two-dimensional traffic models [J]. PHYSICAL REVIEW E, 1993.

[10] CLARKE K C, GAYDOS L J, HOOPEN S. A self-modeling cellular automaton model of historical urbanization in the San Francisco Bay area [J]. Environment and Planning B, 1997.

[11] WHITE R, ENGELEN G. Cellular automata and fractal urban form: a cellular modeling approach to the evolution of urban land-use patterns [J]. Environment and Planning A, 1993.

[12] CLARKE K C, GYDOS L J. Loose-coupling a cellular automaton model and GIS: long-term urban growth predictions for San Francisco and Baltimore [J]. International Journal of Geographical Information Science, 1998.

[13] EndemicPy. [EB/OL]. [2021.2.1]. https://github.com/j-i-l/EndemicPy.

[14] Mesa-Master. [EB/OL]. [2021.2.1]. https://mesa.readthedocs.io/en/master/.

[15] PyCX. [EB/OL]. [2021.2.1]. http: //pycx. sourceforge. net/.

[16] Sandpile-Master. [EB/OL]. [2021.2.1]. https: //github. com/eschulte/sand-pile/blob/master/sand-pile. org.

[17] MICHAEL WOOLDRIDGE, NICHOLAS R. JENNINGS. Intelligent agents Theory and practice [J]. The Knowledge Engineering Review, 2009.

[18] HIROKI SAYAMA. Introduction To The Modeling And Ananlysis Of Complex System [M]. Open SUNY Textbooks, 2015.

[19] PyGame. [EB/OL]. [2021.2.1]. https: //pypi. org/project/pygame/.

[20] Matplotlib. [EB/OL]. [2021.2.1]. https: //matplotlib. org/Matplotlib. pdf.

[21] JOSHUA M. EPSTEIN. Modeling civil violence: An agent-based computational approach. [EB/OL]. [2021.2.1]. https: //www. pnas. org/content/99/suppl_3/7243.

[22] MICHLE SONNESSA. Modeling and Simulation of Complex System. [EB/OL]. [2021.2.1]. https: //pdfs. semanticscholar. org/2e0e/69255a516478dd8824f29e55496492eed932. pdf.

[23] NetworkX. [EB/OL]. [2021.2.1]. https: //networkx. github. io/documentation/stable/tutorial. html.

[24] NumPy. [EB/OL]. [2021.2.1]. https: //docs. scipy. org/doc/numpy/user/.

[25] SciPy. [EB/OL]. [2021.2.1]. https: //docs. scipy. org/doc/scipy/reference/.

[26] SimPy. [EB/OL]. [2021.2.1]. https: //simpy. readthedocs. io/en/latest/.

[27] SimuPy. [EB/OL]. [2021.2.1]. https: //pypi. org/project/simupy/.

[28] MARVIN MINSKY. The Society of Mind [M]. Spring, 1987.